[波]安杰伊·克鲁塞维奇 著
赵 祯/袁卿子/许湘健/张 蜜/白锌铜/吕淑涵 译

——自然观察探索百科系列丛书——

鸟类大百科

四川科学技术出版社

一年中的任何时候，无论天气如何，我们身边总可以看到鸟的身影。你只需睁开双眼、竖起耳朵，用心来记录我们身边的景象。

引言

对于世界各地的爱鸟人士来说，观鸟不只是一种消遣，更是一种全面、丰富的生活方式，能够借此认识志同道合的朋友，一起远足、一起旅行。当然，更重要的是探寻鸟类世界的奥秘。

我衷心地希望这本书能够鼓励更多的人开始这样的生活方式。在这本书中，我们可以看到许多鸟类的介绍。对每种鸟类都用相似的方法介绍以方便读者定位和比较。

书中也提到了我个人与鸟儿们亲密接触的故事，希望这些故事能够让更多的读者与鸟儿建立亲密的关系，或许在保护鸟类的事业中能够贡献自己的一分力量。我正是带着这样的愿望写下这本书的。

我描写这些鸟是为了展示这些小家伙是多么的友善，它们通常有着不同的个性，有些甚至是暴躁的，我期待用这些文字鼓励大家去进一步了解鸟类。认识鸟的人一定会爱它们，甚至你在自己家的花园里就可以了解它们。

祝愿大家有一段愉悦而充满启发的阅读时光。

安杰伊 · 克鲁塞维奇

目录

从庭院到城外

田野与森林

水边与草地

让我们一起来观察鸟类吧

无论年龄多大，每个人都可以观鸟，以及用这种方式来丰富你的生活。我向你保证，这绝对值得。去商店的路上，上学的路上，或是上班的路上你都将不再枯燥。一路上都可以听到春天到来时小鸟的歌声，数一数杜鹃的啼叫，或是猜一猜谁在模仿八哥叫。

10月1日是国际爱鸟日。

去哪里观察鸟类

在任何地方都可以观鸟，公园中、森林里、沙滩上、车站旁，甚至在墓地里、绿地上，在远离城市喧嚣与混乱的宁静中。鸟也很喜欢私人花园，只要这个花园里没有猫，植物没有喷洒过多的化学物质，那么这个花园就是鸟的天堂。同时，也不能过于频繁地修剪草坪或施肥。我知道这是完全可以做到的，因为我就有这样的一个花园。这样，周六的早晨，我的花园里的鸟儿们在歌唱，而邻居的花园里却是割草机的轰鸣。我时常通过放置饲料槽或一小滩水“引诱”鸟儿飞来以方便观察它们。不过要记住，这些“小鸟食堂”或“小鸟饮水处”都需要与玻璃保持一段安全距离，包括窗户、刀柄、花房。鸟常常会因为看不到玻璃而撞上去受到伤害。为了防止这样的情况发生，我们应该挂上窗帘或在窗上做一些小装饰，如：彩色装饰玻璃窗。告诉鸟儿们，在这些地方是有障碍物的。另一种方法是在玻璃上粘贴猛禽的黑色剪影，最好是雀鹰。小型鸟类看见玻璃上猛禽的黑色剪影就会朝着远离窗户的方向飞行，这样就可以让它们远离危险。

让我们一起帮助鸟吧

巢箱

我们可以做些什么来保护周围的鸟呢？最好的办法就是在合适的地方挂上巢箱。在自己的花园中挂巢箱，我们不需要征得任何人的许可，但如果是在公园或森林里，我们就需要征得管辖该区域的机构许可。巢箱应尽可能做得深一点，入口应该设置在箱顶，以保证鸟儿一家的安全。这样一来，即便是敏捷的大鳄鱼或猫貂，也没办法够到巢箱的内部深处。必须记住巢箱也要能够打开，以方便鸟儿们在秋天进行清洁。

水槽与池塘

在炎热的夏天，鸟儿们常常难以解渴。虽然它们也知道干净的水源和浅水滩在哪里，但是由于高温天气，这样的地方越来越少了。当鸟儿们喝水的水潭变得越来越拥挤的时候，也就不安全了，因此，我们可以在花园中为鸟儿们创造一些喝水的小池塘或水槽。清晨或是夜晚，鸟儿们会出现在这些饮水池边，我们甚至不知道它们飞了多远才来到这里。

注意

入口开在下方，捕食者很容易就能掠走鸟儿。入口开在顶部并在巢箱顶部加上向外突出的屋顶能够大大增强巢箱的安全性。下面这张图片中的小屋很可爱，但并不能保证鸟儿的安全。

友善的花园

对鸟而言，与鸟巢同样重要的是可供休息的安全觅食场所。在花园里种上植物，会让鸟儿们觉得这里很友善、很安全，但有一个条件：不允许猫进入花园！

让我们一起来喂鸟吧

葵花籽

小米粒

给金丝雀的食物

适合的食物

给鸟儿喂食时选择正确的食物非常重要。为山雀准备几块生的、未加工的、不加盐和不加调料的培根，并将其挂在离地2米高的绳子或电线上，以免被猫或狗够到。培根需要每2~3周换一块新鲜的，因为它变质了对鸟儿有害。你还可以用类似的方法给鸟儿提供牛油或坚果，这些食物在园艺店甚至是加油站都可以买到。啄木鸟和红胸币鸟很喜欢这些食物。不带壳的谷物鸟儿吃起来更省力，但是带壳的更耐用且更便宜。

如果想给麻雀喂食，先要把食物中小的谷物颗粒挑出来喂给长尾小鹦鹉和金丝雀。鸽子喜欢饱满的谷物、小麦和切成小块的面包，而这些食物也适合鸭子、寒鸦和乌鸦食用。几乎所有在波兰过冬的鸟类都喜欢吃葵花籽，葵花籽有利于它们的健康。

注意

永远不要给鸟喂发霉的全麦面包、不新鲜的食物以及高盐的厨余垃圾、奶酪、腊肉和巧克力。

黑头山雀——一种山雀，可以在城市中找到它们的身影

理想的投料点

一个好的投料点必须满足几个条件。第一，应该安装在距离地面1.5米以上的木桩或其他支撑物上。第二，必须有一个可以取出来清洗的抽屉，方便定期清理。第三，必须有屋顶，防止雨雪洒在食物上。此外，给投料点找一个合适的位置也十分重要。还需要考虑最常见的风向以及投料点到灌木丛的距离，防止食物被吹出投料点，落到灌木丛里，那里可能潜伏着捕食者，例如邻居家的猫。不要把投料点安在玻璃阳台、露台或其他大玻璃附近，鸟儿们看不见玻璃，玻璃会威胁到它们的生命。

季节性食堂

我们只在冬季和大雪期间给鸟喂食，因为这些时候它们很难找到天然的、合适的食物。在春天，鸟儿们应该摄入丰富的维生素和蛋白质，而不是脂肪和碳水化合物。只有这样，它们才能在繁殖时期获得至关重要的生命力。

鸟的天堂

“AZYL”是来自希腊语的派生词，意为庇护所、提供安全的地方。自1998年6月以来，华沙动物园的花园就是这样的地方。这儿的庇护所不是为人类提供的，而是为鸟类——这些陪伴在我们身边带翅膀的精灵们提供的。

“鸟类庇护所”不是为鸟提供的住所，而是为它们进行治疗和康复训练的专业中心。善良的人们可以将生病或受伤的鸟带到此处。庇护所还有一项重要任务是将痊愈的鸟儿们放回大自然，在这里，受伤的鸟能够得到治疗，并为回归大自然做准备。

每年，庇护所会接收2500例“患者”。它们中超过一半的鸟，经过治疗并进行康复训练后，可以凭借自己的力量重返大自然。

运送到庇护所的那些受伤的鸟应该被放在纸箱中，比如鞋盒，但必须要确保纸箱是干净的，且没有任何化学物质气味。还要在纸箱上面打几个孔，好让鸟儿们能够获得新鲜空气。同时，请在纸箱上写上自己的姓名及电话号码。

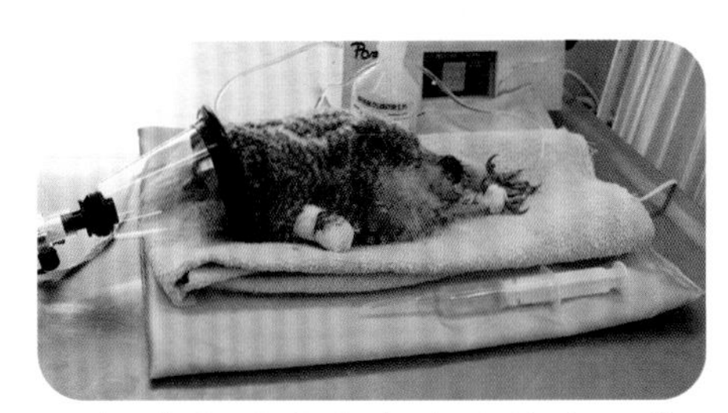

年幼的猫头鹰在麻醉状态下接受翅膀手术

鸟类学分会秘书处联系方式：
北京市海淀区新街口外大街19号
北京师范大学生命科学学院/100875
Tel: 010-58805399

年幼的松鸦在庇护所中接受照顾。它们从树上掉下后，在它的巢穴下方被发现

当你发现一只生病的鸟

1.确认鸟是否真的需要帮助。记住，许多幼鸟在学会飞翔前会离开巢穴，请不要把它们带回家！

2.不要把野生的鸟带回家，也不要试着自己去医治或喂养它。在大多数情况下，喂错食物往往对鸟类伤害更大。

3.联系鸟类庇护所或其他鸟类救援组织，例如：打电话或发送带有鸟照片与描述的邮件。

4.受伤的鸟，例如：翅膀受伤的鸟，应以最快速度送至庇护所或兽医处，这样可以大大增加鸟获救的机会。

5.鸟类的一些疾病是能够传染给人类的，比如禽流感，因此在没有恰当的防护条件的情况下密切接触生病的鸟类是危险的行为。

致力于鸟类保护的机构

中国动物学会鸟类学分会

地址：北京市海淀区新街口外大街19号北京师范大学生命科学学院

邮编：100875

电话：010-58805399

邮箱：zhyy@bnu.edu.cn

网址：http://www.chinabird.org/

中国野生动物保护协会

地址：北京市和平里东街18号

邮编：100714

电话：010-84238801

传真：010-64238030

网址：http://www.cwca.org.cn/

长沙市野生动植物保护协会

地址：湖南省长沙市岳麓区湘江新区洋湖垸中彩建工酒店13层

电话：0731-89720789

邮编：410205

邮箱：cswca_2012@163.com

网址：http://www.cswca.org/

陕西省动物研究所&西北濒危动物研究所

地址：陕西省西安市兴庆路85号

邮编：710032

电话：029-83217240

邮箱：dws@ms.xab.ac.cn

网址：http://www.sxdws.com/jgsz/kyxt/nldyxjc/

深圳市观鸟协会

电话：0755-83904494

邮箱：admin@szbird.org.cn

网址：http://www.szbird.org.cn/new/first_pc.asp

中国科学院昆明动物研究所

地址：云南省昆明市五华区教场东路32号

邮编：650223

邮箱：zhgq@mail.kiz.ac.cn

网址：http://www.kiz.ac.cn/xwzx/zhxw/201608/t20160829_4656083.html

中国小动物保护协会观赏鸟分会

地址：广东省广州市齐富路18号山东大厦901

电话：020-61192088

传真：020-61192018

网址：http://www.csapa.org/ap-info/25054.htm

中国动物学会

地址：北京市朝阳区北辰西路1号院5号

邮编：100101

电话：010-64807051

邮箱：czs@ioz.ac.cn

网址：http://czs.ioz.cas.cn/zzjg/fzjg/nlx/

东营市观鸟协会

地址：山东省东营市南一路东城清风湖公园北岸

邮编：257091

电话：0546-8091991

传真：0546-8307752

邮箱：dygnxh@aliyun.com

网址：http://www.hhkgn.org/cn/shou_ye.html

无锡市野生动物保护协会

地址：江苏省无锡市金石路长广溪湿地公园水明居旁

电话：0510-85172399

邮箱：info@wxwca.org

网址：http://ysdw.wuxikx.org.cn/portal/wxsysdwbhxh/main.action

麻雀

学名：*Passer domesticus*

英文名：House Sparrow

身长：14~16厘米

体重：25~30克

栖息地：所有人类居住的地方

出没时间：全年

学名，林奈的命名系统和玩笑

对于那些对探索自然感兴趣的人而言，了解严谨、科学的鸟类名称介绍是非常有帮助的。对此，我们要感谢18世纪一位天才的瑞典人——卡罗尔·林奈引入的命名系统。在这个命名系统中，每个物种都有一个由两部分构成的拉丁语学名，即由大写字母开头的属名和由小写字母组成的种加词。这套命名法则适用于世界上所有人类已知的动植物。例如家养麻雀的学名是*Passer domesticus*，而人类的学名则为*Homo sapiens*，意思是“一个有思想的人”。并不是所有的物种命名都具有意义，比如卡罗尔·林奈把蟾蜍命名为Bufo，以此来向某位他非常讨厌的先生“致敬”，而这位先生就叫Georges Buffon（乔治·布冯）。

鸟类身份证

在关于鸟类的书籍中，记录的都是关于鸟的基本信息。

麻雀

学名：*Passer domesticus*

这个学名由两个部分组成：“姓氏”，也就是属名——*Passer*，而“名字”，也就是种加词——*domesticus*（家养）。麻雀的堂兄——树麻雀，它的学名是*Passer montanus*，也就是说它和麻雀有相同的“姓氏”——*Passer*，但“名字”则不同，树麻雀是*montanus*（山地）。

英文名：House Sparrow

身长：14~16厘米（麻雀的体长指的是从头部到尾部的长度）

体重：25~30克（麻雀的体重，也就是它的重量）

栖息地：所有人类居住的地方

有些鸟喜欢和人类居住在一起，有些则喜欢远离人类。有些鸟喜欢住在水边，有些则喜欢住在森林中。

出没时间：全年

在鸟类身份证的最后，我们能够知道这种鸟是定居型的鸟（留鸟），即全年都生活在某个地方。候鸟，即随季节不同周期性进行迁徙的鸟类（比如白鹳），它们一年中的部分时间在其他地方度过，而被记录的这段时间则在波兰度过。有些种类的鸟，只有部分个体是迁徙的，也就是一部分随季节不同而进行周期性迁徙，而另一部分则全年都生活在同一个地方。

鸟的构造

对鸟类观测者们来说，不仅鸟的学名和英文名称有用，它们的身体构造和各部位的普遍叫法也同样重要。

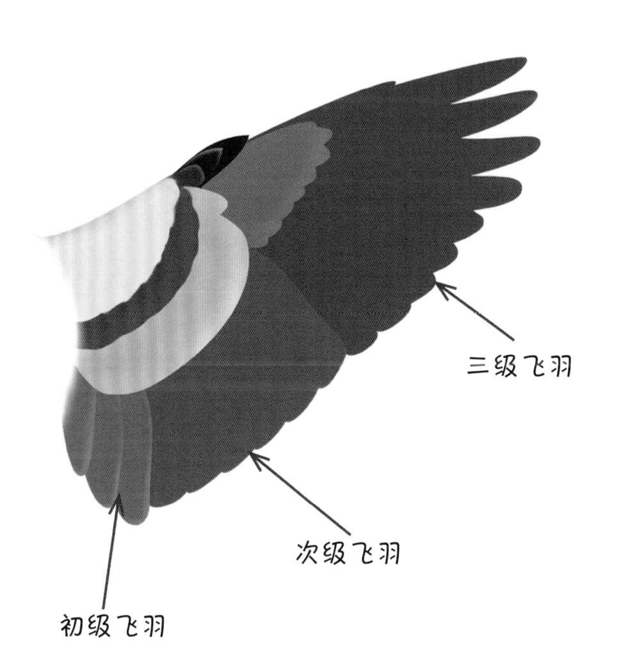

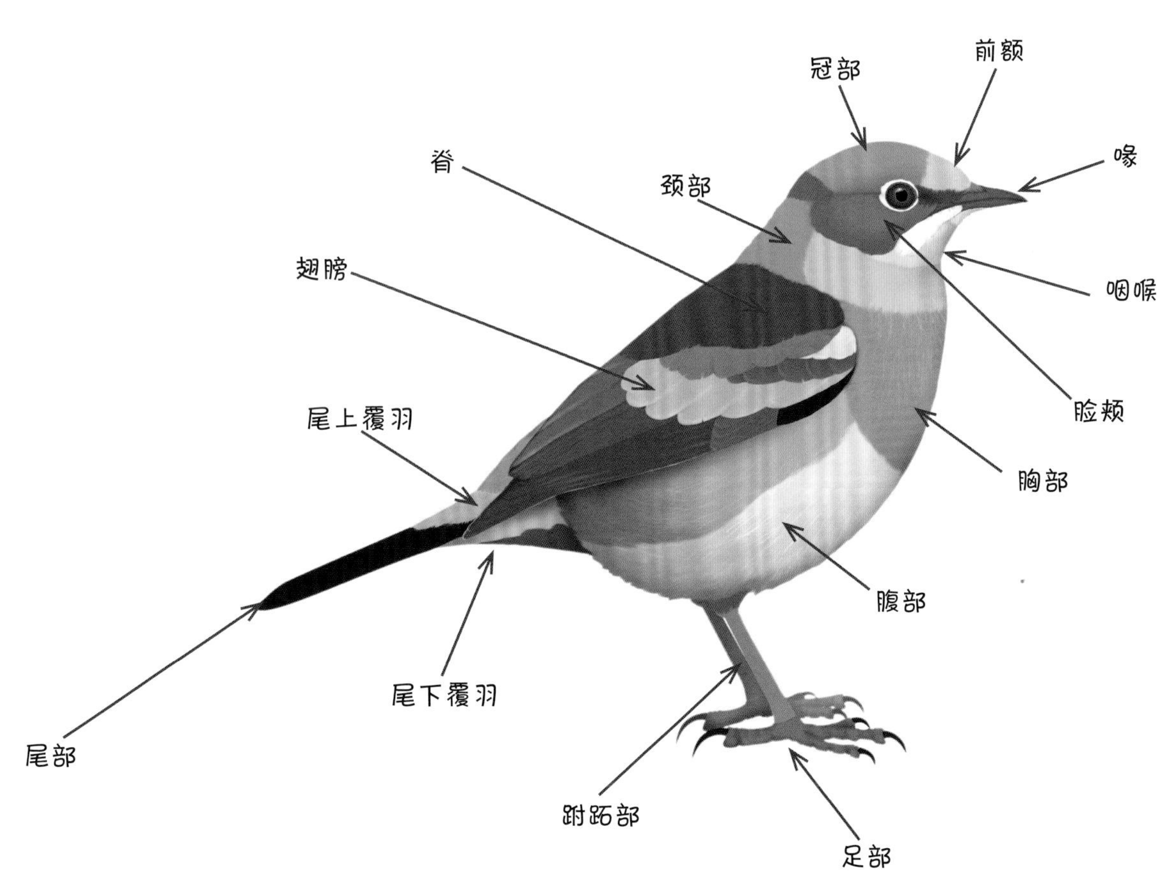

羽毛的构造

羽小钩
绒羽
羽枝
羽杆
羽根
正羽

松鸦的羽毛

羽毛——鸟在不同情况下会以不同的方式使用羽毛。比如，次级飞羽用来飞行，初级飞羽用来控制飞行和制动，绒毛则用来保暖。它们的主要成分与人类的头发和指甲一样，是角蛋白。

覆盖型的羽毛——为鸟塑造流线型的身体形态，通常是短小的羽毛，像小瓷砖一样重叠，使鸟能够在空气中灵活地移动。

绒毛——毛茸茸的绒毛使鸟能够抵御寒冷。

次级飞羽——长在翅膀上的大羽毛。它们构成一个承载面，为飞行提供升力。

初级飞羽——翅膀根部接近身体的大羽毛。鸟借助初级飞羽来控制飞行，如把控方向、保持平衡，以及制动。

羽杆——羽毛的中间部分，与羽根一起构成羽毛的轴。

羽根——羽毛的一部分，与身体连接，是脊的延伸。

羽片——羽毛的平面组成部分，由羽枝和羽钩组成。

羽枝——羽轴两侧的部分，它们构成了羽片。它们之间依靠羽小钩中隐藏的钩子连接在一起。

羽小钩——在羽线两侧生长的触角，由钩子彼此连接。因为它们的存在，羽毛的表面十分光滑。

翼镜——羽翼上色彩缤纷的斑点，在鸭子和松鸭身上很常见。

庇护所——主要任务是救护被迫害或受伤的个体。鸟类庇护所是指为生病的鸟提供的安全场所。

冠顶——鸟头顶上独特的有颜色的部分。

狩猎场——鸟在这里观察周围环境，寻找猎物，可以是枝头、石头或是某根杆子。

捕食者——主要依靠捕食其他动物生存的物种。最著名的鸟类捕食者是猫头鹰和带爪鸟类。比如：金鹰和白尾海雕。

挖洞者——在空洞、岩洞、开放的墙壁、岩石孔或繁殖箱内筑巢的鸟。它们包括：猫头鹰、啄木鸟、戴胜等。

物种——由卡罗尔·林奈提出的概念。物种指的是与父母相似的后代个体的集合。同一物种之间可以交配，而和其他物种之间则不行。比如，麻雀、原鸽、鹰就是不同的物种。

定居型物种——指一生在同一个区域内活动的鸟。它们不会随季节的变化而迁徙到别处，例如：城市的鸽子和鹊。

迁徙型物种——指随着气候变化迁徙至其他气候带的鸟类。比如：燕子、鹳、杜鹃、连雀。

向下找寻——把头扎到水下以便找到底部的食物。

保护色——用于伪装的色彩，使动物和背景融合，躲过捕食者。

鹤唳——鹤在迁徙、集会和交配时发出的声响。

繁殖季——繁殖的季节。在这段时期，鸟会筑巢、下蛋并抚养下一代。

迁徙——鸟在不同气候带或陆地之间变换居住地。比如，鸟可能会从波兰飞往几万公里外的越冬地，这其中包括：燕子、鹳和杜鹃等。连雀等鸟类则会到波兰过冬。

环志——为鸟戴上由科学家制作的字母数字环，以便识别种类，追踪行程，调查预期寿命等。

鸟类学家——致力于研究鸟类构造、生活和习性的科学家。

残余——鸟类掉落的羽毛或被捕食者吃剩的残余物。

寄生虫——依靠从另一个生物体吸取养分而生存的生物，例如：跳蚤和螨虫靠吸取寄居动物的血液生存。

称重与测量

在鸟的脚部固定上带有
独一无二号码的标记圈

将鸟放回大自然

巢寄生——依靠别的鸟类来孵化和喂养后代。杜鹃就是一种巢寄生鸟，它自己不建巢，而是把待孵化的蛋偷偷放入比自己小的歌唱型鸟类的巢穴。

换羽——鸟类更换自己的羽毛，可以是一部分羽毛，也可以是全部。

雏鸟——还不能独立生活的幼鸟。

梳理羽毛——用鸟喙梳理、叠放羽毛。

猎鸟——猎人打猎时的目标鸟类。

鸽乳——鸽子分泌的黏液类物质，用来喂食幼鸟。它是由亲鸽的嗉囊腺分泌的一种富含蛋白质的物质，与哺乳动物产生牛奶的原理类似。

重引入——恢复某个地区灭绝的物种。

领地——由一种或多种鸟类占领的区域。

属——由相关物种组成的分类组。

科——由具有亲属关系的物种组成的大的分类组，比如：所有类型的山雀组成了山雀科。

螨虫——从其他动物身体吸取养分的小寄生生物，比如：吸血。

目——由彼此具有亲属关系的科组成的群体，我们称之为目，比如：山雀科就隶属于雀形目。

栖息地——适合特定动植物生活的自然环境。

跗跖——鸟类的小腿部分，通常不长羽毛。

面盘——位于鸟类眼部和喙部周围的特征物。

椋鸟箱——养殖椋鸟的木质箱。

求偶——鸟类的交配行为，它们会用某种求爱形式来吸引异性。正在求偶的雄性会发出各种声音，呈现出特殊的姿态，或跳起舞来。

谷仓猫头鹰眼周和嘴周特殊排列的羽毛

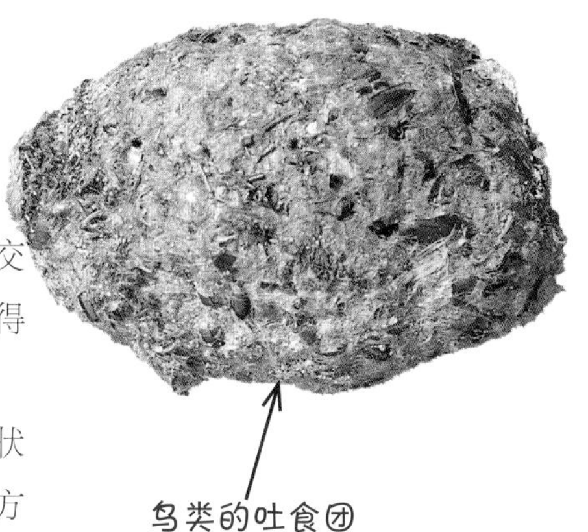

鸟类的吐食团

嗉囊——鸟类食管的膨大部分，鸟类在嗉囊中聚集食物并对它们进行初步的消化。在嗉囊中被聚集的食物经常被用来喂养雏鸟。鸽子就会在嗉囊中产生鸟类的乳汁，即鸽乳。

鸟舍——用于饲养和看护鸟类的大笼子，在鸟舍中它们可以自由飞行。

鼻瘤——鸟喙外层柔软皮肤中增厚的部分。鼻瘤只出现在部分种类的鸟身上，例如鸽子或者猫头鹰。

吐食团——未被消化掉的食物残渣，比如：羽毛、骨头、鱼刺、动物毛发、昆虫甲壳、鳞片、贝壳等，有些种类的鸟会将这些残渣以小球状呕吐出来。鸟类没有牙齿，它们经常将自己的食物整个吞咽下去，包括那些无法被消化的食物。

繁殖——寻求配偶并繁衍雏鸟的行为。在繁殖期，雄鸟通过歌唱或舞蹈来展示自己，它们建造鸟巢或是为雌鸟衔来食物。为了让雌鸟注意到自己，有些雄鸟在交配的时节其羽毛颜色会变得更鲜艳。

伏击——一种由隐藏状态向猎物发动攻击的狩猎方式，有时肉食性动物会采用这种方式狩猎。埋伏等待及发动进攻前的隐藏都是伏击的重要部分。

捕食——动物获得食物的行为。

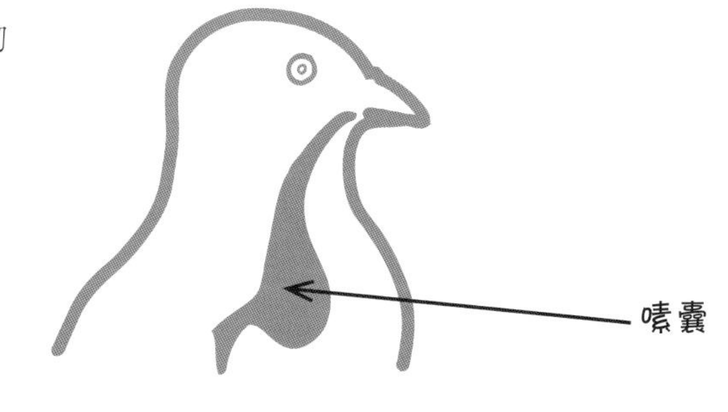

鸽子的鼻瘤

欧亚树麻雀 见24页

家燕 见44页

白腹毛脚燕 见47页

崖沙燕 见49页

麻雀 见22页

斑尾林鸽 见29页

原鸽 见28页

冠小嘴乌鸦 见30页

从庭院到城外

麻雀

学名：*Passer domesticus*

英文名：House Sparrow

身长：14~16厘米①

体重：25~30克

栖息地：所有人类居住的地方

出没时间：全年

麻雀
——世界公民

麻雀被称为“家麻雀”并不是一个偶然，好几个世纪以前它们就是人类亲密的邻居了。世界上每一个偏僻的角落都能看到麻雀：沙漠的绿洲中、地球的两极地区，还有大洋的海岛上。它们总是在靠近人类的地方居住。它们将巢穴安在建筑物的角落或缝隙中，如屋檐下、鹗鸟的巢穴和饲养箱中。

典型特征

右图展现的是雄性家麻雀。雄性家麻雀的羽毛是灰色和深棕色相间的，它们身上没有黑色的条纹。

欧亚树麻雀

这种麻雀与雄性家麻雀非常相似，但欧亚树麻雀白色的面颊上有一块深色的斑，羽冠是棕色的，而不是灰色的。

①本书中介绍的动物体征特点都是属于我们常见品种的，不同地区、种类的同名动物体征会因生存环境的不同有所变化。

沐浴爱好者

麻雀很喜欢沐浴。它们不仅在水中沐浴，也在沙子和灰尘中沐浴。它们会在地上刨出小坑，然后躺进去，用沙子覆盖羽毛，以这种方式来消除寄生虫。

是常见的还是珍稀动物

在欧洲，麻雀仍然是城市中最常见的鸟类，然而麻雀的数量从几年前开始大幅减少。现代化的城市对麻雀来说，既提供不了足够的地方筑巢，也缺乏适合的食物来源。过去，麻雀可以从垃圾桶中和街道上的马粪中获取食物。现在，垃圾都装在塑料袋里，麻雀无法再从垃圾中获取食物；马拉车也在街道上消失了，因此也没有了马粪。麻雀原本能从这些垃圾中叼出未被消化的谷物，现在却不能这样了。除此之外，人类建造的密闭建筑物堵住了空气流通的缝隙和通风口，而麻雀原本可以在这些地方筑巢。还有一个额外的威胁——喜鹊和猫会捕食幼小的麻雀。所以麻雀都到公园和别墅区筑巢了，尽管这些地方一直以来主要是欧亚树麻雀的栖息地。

成年麻雀吃谷物颗粒，而给自己的小麻雀喂昆虫

3月20日
是世界麻雀日。

喧闹且成群的

麻雀是喜欢群居且善于交际的鸟类，有麻雀居住的地方往往比较喧闹。通常群体生活在一起，甚至繁殖下一代时也喜欢聚集在一起。如果一只麻雀找到了食物，就会叫来一大群麻雀分享。

欧亚树麻雀——城市郊区的亲属

不同于其他的麻雀，欧亚树麻雀更喜欢避开城市居住。它们居住在城郊和乡村，常栖息于古老的果园、公园里以及开阔的田地和草地上。

欧亚树麻雀的学名是“*Passer montanus*”，其中“*montanus*”意思是大山里的居住者、山间风景或山民。当我们近距离地观察欧亚树麻雀时，我们不仅会被其羽毛上复杂的花纹吸引，也会惊叹于它们匀称的身体比例以及灵巧的动作。

雄性和雌性的欧亚树麻雀的羽毛颜色相同

在开阔的地方，欧亚树麻雀会聚集成庞大的超过1000只的群体

欧亚树麻雀

学名：*Passer montanus*

英文名：Tree Sparrow

身长：13.5~14.5厘米

体重：22~25克

栖息地：城郊和乡村以及农耕田地中

出没时间：全年

鸽子
——长着翅膀的居民

几千年前人类就开始驯化岩鸽。后来，岩鸽开始在城市定居，并和人类饲养的家鸽中逃跑的鸽子杂交，由此产生了一种体色不单一的鸽子种群。它们生活在人类的住所附近，因为那里有人类丢弃的废物和垃圾。

灰斑鸠

和平鸽

和平鸽虽然是和平的象征，但它们却常常表现出较强的攻击力。我们经常能够看到有些和平鸽相互纠缠、彼此压制、击退对方并猛烈争抢。更加符合白色和平鸽这一特征的应该是灰斑鸠，它也属于鸽子大家庭。

合适的食物

除了谷物和野生植物的种子，鸽子还会吃植物的鲜嫩部分；然而对它们来说主要的食物来源仍然是垃圾桶或垃圾场中的废物。这样的饮食习惯不利于鸟类的身体健康，因此鸽子们经常会生病。

切记

对鸽子来说，最合适的食物是小麦、粗粮谷物和切碎的白面包。千万不要给鸽子吃剩下的蛋糕和深色面包，这些都是对鸽子有害的。

吸水

鸽子喝水的方式与其他鸟类不同，它们不会将头向后仰，让水流入咽喉，而是把嘴伸入水中并且将水直接吸入嗉囊。

原鸽（城市中的鸽子）

学名：

Columba livia Rock pigeon

英文名：Rock Pigeon

身长：31~34厘米

体重：200~350克

栖息地：城市中，主要是在老城区、大的集市场地以及火车站等地

出没时间：全年

原鸽

鸽子的学名中的*livia*来源于单词*livius*——偏蓝色的。大部分原鸽的体色是灰蓝色的，尾部呈白色，且尾部羽毛上有黑色的横向条纹，也有些鸽子的颜色呈白色和棕色相间，长有花斑的鸽子也很常见。

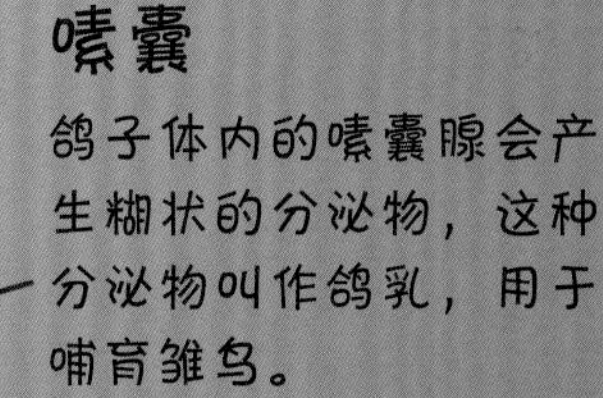

典型特征

颈部金属色的光泽

这种特征只会出现在成年鸽子的颈部，而且雄性比雌性的光泽更为强烈。

嗉囊

鸽子体内的嗉囊腺会产生糊状的分泌物，这种分泌物叫作鸽乳，用于哺育雏鸟。

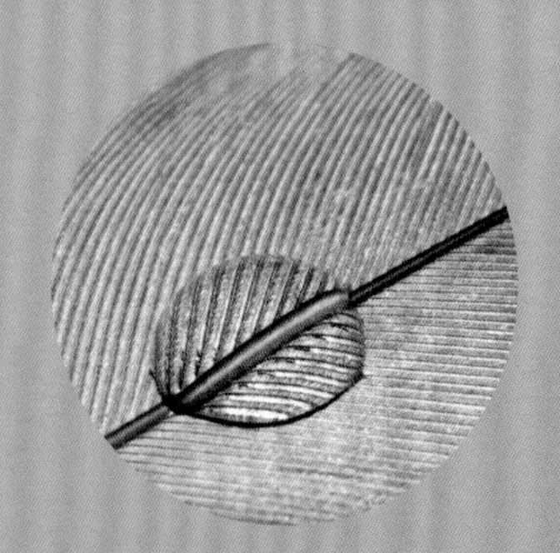

无光泽的尾部

鸽子的羽毛看起来像是沾满灰尘一样。正因为被这样的羽毛覆盖着，在天敌来临时它们可以保护自己。

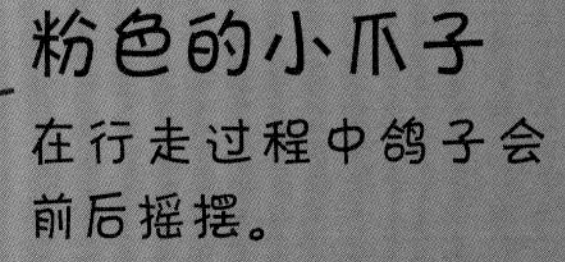

粉色的小爪子

在行走过程中鸽子会前后摇摆。

斑尾林鸽

学名：*Columba palumbus*

英文名：Green Imperial-pigeon

身长：41~45厘米

体重：500~600克

栖息地：任何类型的环境中，包括城市

出没时间：3—10月

斑尾林鸽——树林中的鸽子

斑尾林鸽是欧洲最大的鸽子类群，其学名*Columba palumbus*的意思是野生的、树林中的鸽子。其颈部的白色色斑和翅膀上白色的半月形色带是这种鸽子的独有特征。在繁殖期，雄性斑尾林鸽会发出低沉的哼哼声，拍打着翅膀进行交配。

露天的鸟巢

斑尾林鸽的巢穴结构很奇特。筑巢的材料被松散、随意地摆放在一起，从底部看甚至能轻易看到产出的鸟蛋。

冠小嘴乌鸦

学名：*Corvus cornix*

英文名：Hooded Crow

身长：45~50厘米

体重：500~600克

栖息地：田野和草地中，也会栖息在乡村和城市

出没时间：全年

乌鸦

——机智的占便宜者

乌鸦是鸦科的鸟，是最聪明的鸟类之一。这没有什么稀奇的，因为它们以独特的智慧从其他长着翅膀的同胞们中脱颖而出。只有乌鸦会把坚果扔到即将驶来的汽车前，让汽车将坚果碾碎后再吃。

典型特征

白嘴鸦

乌鸦和白嘴鸦很容易被混淆。这两种鸟的体型大小相似，但白嘴鸦是通体黑色的。

鸟类中的知识精英

“在动物园范围内安家的乌鸦们很快就发现了，怎样在观光车经过时通过抄小道能获得好处。乌鸦观察着来往车辆并利用这样的规律：小径的两旁生长着果实丰茂的坚果，观光车经过时，沥青路上就会留下被压碎的坚果。只有它们看准有汽车要经过时，才会从附近飞来并且伏击在小径的边缘，以便以最快的速度得到压碎的坚果。”

鸟类中的强盗

有些鸦科鸟类，像白嘴鸦或者寒鸦，都在和谐的小群体中过着平静的生活。乌鸦和它们完全相反，它们喜欢单独栖息并随时观察着周围的环境。只有当它们发现时机，能够从别人那里抢走或偷走什么东西时，它们才会联合成一个团体，这时的它们是勇敢而凶狠的。乌鸦不会放过任何机会，就算是面对长着尖利牙齿和爪子的老鼠，它们都能从对方那里收获食物。这样机智的鸟类联合成的团体总能顺利地完成食物的掠夺。

歌唱的乌鸦

“几乎没有人相信，鸦科鸟类属于会唱歌的鸟；然而每个春天我都怀着钦佩的心情观察乌鸦，因为它们非常努力地想要歌唱。乌鸦们在阳光的照耀下，眨眨眼睛，舒展身体，张开嘴巴歌唱并沉醉在自己发出的声音里。对我们的耳朵来说，乌鸦的歌声绝不是优美的旋律，但是乌鸦歌唱的美好场景却是赏心悦目的，因为乌鸦总是会全身心地投入到它们的歌唱中。”

乌鸦是杂食动物

乌鸦的主要食物是昆虫以及它们的幼虫、蚯蚓、蜗牛，还有老鼠、蜥蜴、青蛙以及雏鸟和其他鸟类的蛋。乌鸦还会通过进食水果、种子和植物的柔软部分来使自己的膳食多样化。除此之外，腐肉和我们的厨余垃圾也是它们的食物。

幼年乌鸦——名副其实的麻烦

”“每年春天，市政警察都会向华沙动物园运送乌鸦雏鸟。对我们来说，它们是名副其实的麻烦！尽管年幼的乌鸦很可爱，它们不停地啼叫，用力地张大红色的嘴，这样一来给它们喂食非常方便，但是当它们学会独立进食后，它们会很快成为鸟舍里的灾难——它们总是第一个进食并且不让鸟舍里的其他鸟靠近装有食物的小碗。尽管如此，我们还不能将小乌鸦放生。我们必须一直照顾它们，直到它们能完全独立生活。鸟舍中的乌鸦们能够欺凌其他的鸟类，但在大自然中它们仍是经验不足的弱者。”

怎样才最高

乌鸦不会把住所建造得富丽堂皇，它们通常会在树顶建一个坚固的巢穴。为什么要将巢穴安在这么高的地方呢？因为再高已经不可能了。乌鸦的巢一般在距离地面14~15米的地方，乌鸦用这种方法来保护自己的幼鸟不受到其他乌鸦、其他鸦科鸟类以及貂的攻击。乌鸦的幼鸟会在巢中待上一个月之久，并且在它们离开巢穴之后的很长一段时间内依旧不能独立生活，需要其父母的帮助和照顾。

喜鹊

学名：*Pica pica*

英文名：Magpie

身长：40~50厘米

体重：200~270克

栖息地：森林边缘和树丛中，尤其是河谷和城市公园里

出没时间：全年

喜鹊

——聪慧的智者

黑白相间的羽翼和长长的尾巴让我们很容易认出喜鹊，它们充满好奇心、勇敢无畏，令喜鹊与众不同的不仅是其美丽的身形，还有其非凡的智慧和敏捷的身手。

喜鹊的羽毛

典型特征

黑白相间的羽翼和长尾巴

肩部的白色斑块

黑色的羽毛具有蓝绿色和紫色的金属光泽

白色的腹部

长长的尾巴使喜鹊看起来比实际体型更大

山楂树枝

带有屋檐的鸟巢

以前，喜鹊喜欢将自己带有独特房檐的大巢安置在山楂树丛、李木丛或者其他灌木丛中，距离人类居住地很远。但近年来喜鹊的巢穴也渐渐出现在城市中，最开始出现在高高的杨树上，随着喜鹊数量的增多，其鸟巢也渐渐出现在更低的地方。一些繁殖期的喜鹊伴侣，一般是年轻的或是经验较少的喜鹊，已经不会在巢上方建造房檐了。

早春时节，我们可以看到喜鹊在巢边奔忙——编织新的小树枝、运输新的填充物。通过这些行为，我们可以了解到喜鹊家庭生活的秘密。

喜鹊的雏鸟

“寄生虫、酷热和捕食者的攻击迫使雏鸟们过早地离开鸟巢。有时还不能飞的雏鸟从巢穴中跳出来，成了猫、狗的食物或汽车车轮下的牺牲品。有些小鸟幸运一点，因为它们为人类所救，每年华沙动物园的鸟类饲养所都会接收来自周边居民救护的几十只小喜鹊。遗憾的是一部分死于人类投喂的不适合的食物——香肠、黄奶酪、牛奶等，但是大部分小喜鹊都存活了下来。被人类饲养并且部分驯化的喜鹊已经无法离开人类自己生活了，因为它们不会自己寻找食物。对它们来说唯一安全的地方就是垃圾的堆积处，只有在那里它们才可以很容易找到食物。”

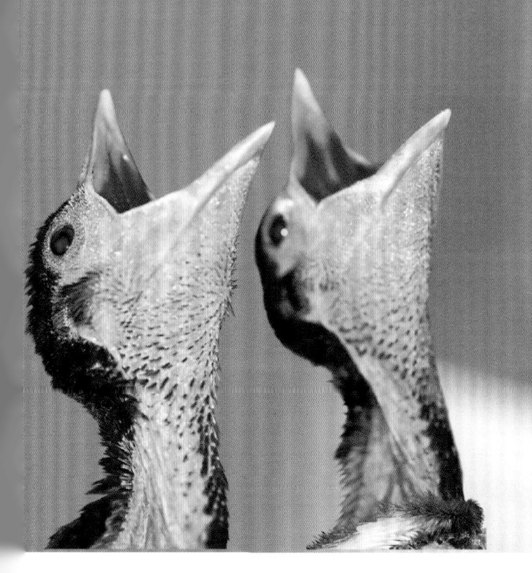

鸦科动物的鲁莽行为

喜鹊属于鸦科动物大家庭，同这种科类的代表——乌鸦、寒鸦、白嘴鸦和渡鸦一样，喜鹊也有很明显的鸦科动物特征——独特的智慧和挑衅的嗜好。这是一种非常聪明和机敏的鸟，但是它们只将智慧用在戏弄别的动物上。

这只乌鸦在挑衅白尾海雕并且蛮横地咬着它的尾巴。幸运的是，对于乌鸦来说，这只海雕还不算大。如果遇到成年海雕，这样鲁莽的行为很容易让乌鸦受到伤害

挑衅

“我观察过很多被驯化的喜鹊，它们都是非常友好而且招人喜爱的。遗憾的是它们依然喜欢戏弄其他动物，尤其是被关在笼子里的鸟、小兔子和天竺鼠。喜鹊也喜欢捉弄睡眠中的狗和猫，而拉扯尾巴只是诸多挑衅方式中的一种。此外，喜鹊还喜欢在周围制造混乱，比如随机留下粪便。如果给喜鹊喂食太频繁，它们会将吃不完的食物塞在任意一个仓储空间，例如在架子上的书后面、家具里、电视机出风口的凹槽里，甚至是鞋子里。尽管喜鹊藏东西造成的结果往往很有趣，但这种恶作剧常常让主人产生这样的想法——将这个混乱制造者扔到胡椒生长的地方去（再也不想见到它）。”

山雀

——彩色的流氓

山雀好奇心强且大胆，喜欢拜访投料点。它们以彩色的羽毛和令人惊叹的飞行技巧吸引眼球。因为有这些特性，所以人们特别喜欢山雀。在波兰生活着6种山雀。生活在城市里的有3种——大山雀、蓝山雀以及褐头山雀。其他的种类则生活在山林中，比如沼泽山雀、冠山雀和灰头山雀。

大山雀

不知道这种山雀的名字是源于它色彩艳丽的羽毛，还是享有盛名的歌喉。

沼泽山雀

沼泽山雀不仅个头比大山雀小，羽毛的颜色也不及大山雀丰富多彩。它们很少出现在城市中，也不会去投料点，只生活在森林里。

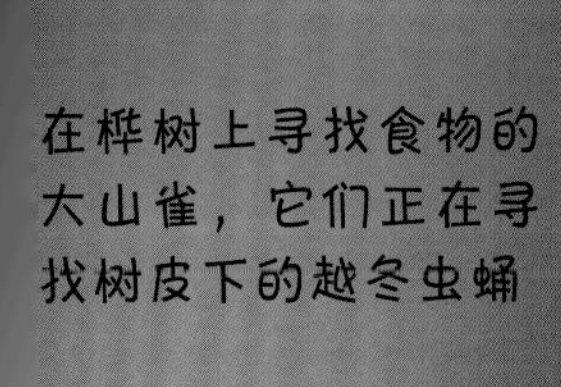

在桦树上寻找食物的大山雀，它们正在寻找树皮下的越冬虫蛹

大山雀

学名：*Parus major*

英文名：Great Tit

身长：14~15厘米

体重：16~21克

栖息地：森林、公园、花园、街心公园

出没时间：留鸟，有时迁徙

大山雀

大山雀是波兰山雀中最有名的鸟类之一，一点都不躲避人类（即使是在繁殖季节），并且常常光顾投料点。在许多城市，大山雀与人们友好相处，很乐意人们直接用手喂给它们食物。

典型特征

令人惊讶的选择

“大山雀在最奇怪的地方筑巢，比如：保险丝盒里，游乐园的秋千上，栅栏上，甚至是花园的门柱上。在信箱里发现大山雀的巢也不是什么稀奇事。据说在波兰，当人们在信箱里发现大山雀的巢时，会留一张卡片给邮递员，让他不要用这个信箱了。”

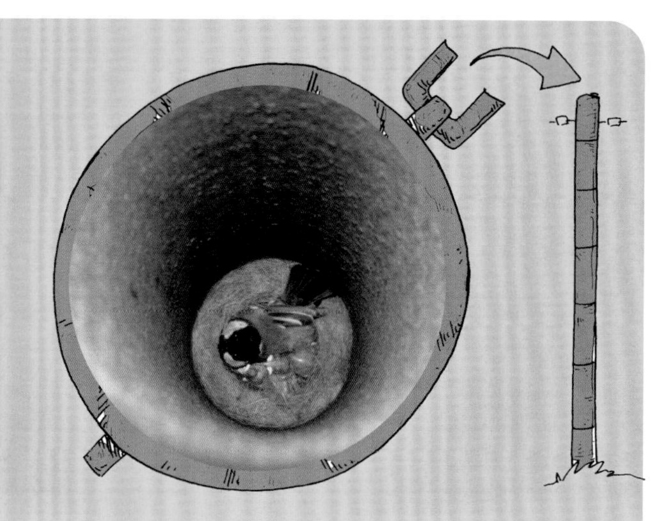

大山雀筑在花园门柱上的巢

大山雀也喜欢占据树洞或者野兽的窝

敏感的嗅觉

大山雀以各种昆虫、幼虫以及其他无脊椎动物为食，它们在树洞或地上觅食。有科学家发现，大山雀在觅食时，还会用到嗅觉。虽然鸟类的感官很不发达，但是大山雀在树洞或落叶层里觅食时也会借助嗅觉。

啄食的顺序

“在投料点可以清晰地观察到大山雀的进食原则。可以立即知道谁需要第一个喂食，这样就不会发生冲突。第一个进食的通常是占领导地位的雄性大山雀。它自豪地向我们展示胸口上大面积的黑色花纹。它开始进食之后，其他的山雀才可以‘坐下’用餐。”

蓝山雀

蓝山雀喜欢居住在公园或郊区花园的树洞里。和大山雀一样，它们也是投料点的常客。它们在进食时可以非常敏捷地移动，甚至会把头朝下悬在空中进食。

蓝山雀

学名：*Cyanistes caeruleus*
英文名：Eurasinan Blue Tit
身长：11~12厘米
体重：11~14克
栖息地：森林、公园、花园
出没时间：留鸟，有时迁徙

典型特征

家燕

学名：*Hirundo rustica*

英文名：Barn Swallow

身长：17~22厘米

体重：16~24克

栖息地：乡村、乡村住宅附近

出没时间：3月底至10月

燕子
——回归的飞行者

燕子飞行时的身形在全世界都很有名。这些飞行迅速、体态轻盈的鸟很受人们的喜爱，人们很照顾它们。在欧洲中部生活的有三种燕子：家燕、白腹毛脚燕和崖沙燕。

典型特征

轻盈的体态

燕子能够飞越8 000~10 000公里前往非洲！

细长的翅膀是飞行健将的特征

强健的尾巴

白色的腹部

红棕色的下巴

黑色的身体以及透着金属蓝色的羽毛

人们常常混淆楼燕和家燕，尽管楼燕的翅膀更长、尾巴更短

报春使者

当你看到春天的第一只燕子时，到www.springalive.net网站上去分享你的观察吧！

spring alive

忙得脚不沾地的父母

小家燕刚刚破壳而出时特别容易被冻坏，需要父母时时为它们保暖；而且小家伙们的胃口与日俱增，不久后父母需要每小时给它们喂食30次！三周以后家燕宝宝会离开巢穴，但在第一周内仍然会每晚飞回来。

家燕可以在飞行中给宝宝喂食

每小时喂食30次。

白腹毛脚燕

白腹毛脚燕明显比家燕的体型小得多。每年4月，它们从遥远的非洲飞回中欧，之后便开始忙着筑巢。有时候，它们还需要无数次地从巢里赶走烦人的麻雀。

白腹毛脚燕
学名：*Delichon urbicum*
英文名：Northern House Martin
身长：13~15厘米
体重：15~22克
栖息地：农村、农场、水泥桥
出没时间：4—9月

典型特征

叉开很深的尾巴

白色的尾下覆羽

透着蓝色光泽的黑色脊背

纯白色的颏部和喉部

白腹毛脚燕的巢上面是封闭的，只有侧面有一个细小的出口

球形泥屋

家燕和白腹毛脚燕筑巢时会先在沼泽地岸边收集材料，然后小心翼翼地筑好巢，并用柔软的羽毛和植物做铺垫。

家燕通常把巢筑在建筑物内部，在巢顶部留出出口

燕子的巢穴之间不会
离得太近，相互之间
保持着一定的距离，
这样它们的巢穴才能
够保持稳固的结构
崖沙燕能够挖
出1米深的洞！

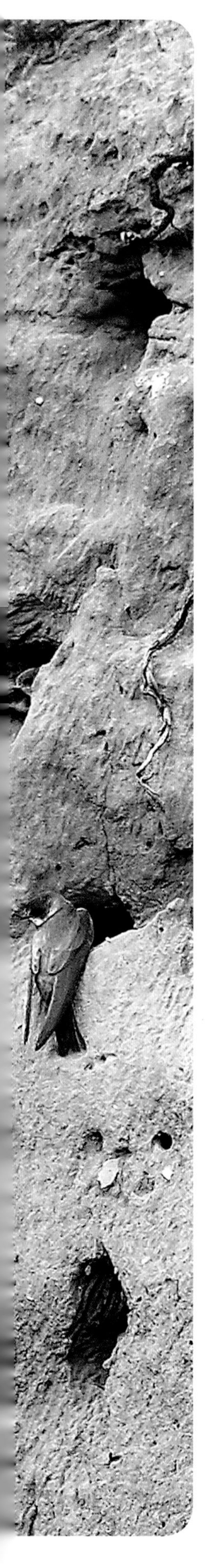

崖沙燕

它是体型最小的燕子，有灰黑色的脊背和白色的腹部。它的学名“*Riparia riparia*”来自于“*ripa*”一词，是河岸的意思，因为它们常在陡坡、河边或者峭壁上筑巢。

崖沙燕

学名：*Riparia riparia*

英文名：Collared Sand Martin

身长：12~13厘米

体重：11~18克

栖息地：河边的陡坡以及泥坑、沙坑、沟渠的岸边

出没时间：4—8月或9月

正在修建的集中区

当崖沙燕在寻找新的筑巢地点时，会在峭壁或陡坡上建立一个小小的集中区。这样的地方对成年燕子和雏鸟来说都是不安全的。

挖洞

洞穴的深度通常为60~90厘米。建筑工作一开始由雄性崖沙燕承担，当洞穴挖至30厘米时，雄性崖沙燕开始唱歌，寻觅伴侣。如果求爱成功，那么雌性崖沙燕也会参与到洞穴的挖掘中来，这时挖掘的速度会加快。崖沙燕会在挖好的洞穴里筑巢，并垫上羽毛或柔软的植物。在这小小的空间里，雌性崖沙燕会产下4~5个卵。

椋鸟

学名：*Sturnidae*

英文名：Starling

身长：20~22厘米

体重：70~80克

栖息地：城市住宅区、公园、花园、果园以及森林边界地带和生长着老树的树林

出没时间：3—10月

椋鸟

——天赋的模仿者

椋鸟是一种叫声嘈杂的鸟。最初它们居住在森林里，以啄木鸟留下的树洞为家。后来它们与人类为邻，数量增长了许多。

典型特征

白珍珠

我们将椋鸟羽毛的白色尖端称为珍珠，它在秋天和冬天时特别显眼。但随着季节的变化，白色渐渐变淡，到春天时几乎只有黑色了。

锋利的喙

椋鸟用锋利的喙在地上啄食昆虫。在繁殖期椋鸟的喙是浅黄色的，在冬眠期则是深色的。

漂亮的羽毛

黑色的羽毛带有绿紫色的金属光泽。

行走的“燕八哥”

椋鸟从远处看有一些像燕八哥。但是我们可以通过它们在地上的移动方式来区分，比如燕八哥总是双脚跳动，而椋鸟则是两只脚一前一后地移动。

燕八哥

椋鸟的美食

椋鸟吃昆虫、幼虫以及其他地上的无脊椎动物，如蚯蚓。在夏末，它们的食谱上会新增软的水果：葡萄、樱桃、梨子、车厘子，还有紫丁香的果实。

模仿声音

椋鸟十分擅长模仿它听到的声音，而且这些声音不一定来自大自然。椋鸟很喜欢展示自己的歌喉。椋鸟的节目单非常丰富，吹拉弹唱样样精通，甚至可以模仿人类打电话的声音。

椋鸟的家

很早以前，椋鸟只居住在森林，但现在已经与人类为邻了，并且数量增长了很多。发生这一变化的主要原因是二十世纪六七十年代时，人们在树上给它们安装了许多巢箱，这种巢箱被称为“椋鸟之家”。

注意

千万不要把单杠摆放在椋鸟的家门前，它们并不需要，而且这还会让捕食者更容易捕获它们。

草本治疗

“如果附近没有树洞或巢箱，椋鸟可以居住在屋顶的裂缝里或建筑物的通风口里。椋鸟会先将前主人的东西扔掉，然后用自己带来的东西筑新巢。通常是西洋蓍草、艾菊、仙人掌以及其他的花朵。椋鸟选择这些植物很可能是为了用这些植物的气味赶走寄生虫，因为在鸟巢里椋鸟常常饱受跳蚤和螨虫的折磨。多亏了这些草本植物，椋鸟才能够安心地产卵。”

仙人掌

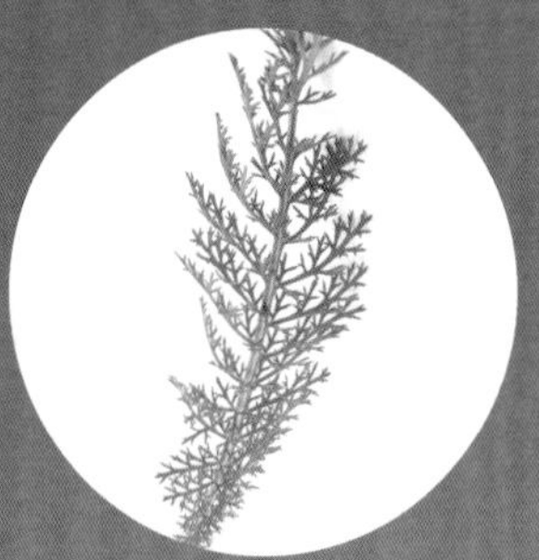

西洋蓍草

艾菊

成千上万的椋鸟群

夏天，成千上万的椋鸟聚集成一个庞大的鸟群。欧洲其他的鸟都无法形成如此庞大的群体。椋鸟总是成群结队地飞行、寻找食物和安全的栖息地。鸟群会破坏果园和葡萄园，果农和葡萄园主使用各种各样的方法来保护果实免遭椋鸟的入侵。他们摆放稻草人，用音响播放警告声，撒网，甚至在低空放遥控飞机来吓唬它们。不过这些都很少有用，椋鸟在一个地方只待一段时间就会转移，过几天就又返回来。

大太平鸟

学名：*Bombycilla garrulus*

英文名：Waxwing

身长：20~23厘米

体重：35~80克

栖息地：长有可食用果实的森林地带、大街、公园和花园

出没时间：每年11月到次年4月

大太平鸟

——丝绸般的尾巴

拉丁语“*Bombycilla*”的意思是长着丝绸般尾巴的鸟。大太平鸟名字里的第二个词*garrulus*，意味着“爱管闲事的性格”。大太平鸟的波兰语名字“*jemio uszka*”与槲寄生有关，因为槲寄生的果实在冬天对它们来说十分重要。

槲寄生

典型特征

头顶上长长的羽冠

副翼的尾部

黑色的围兜和眼周

浓密柔软的羽毛

雄性大太平鸟的翅膀上有许多角状的羽片，黄白色图案也更加明显

灰蓝色的臀部

黑色的尾巴，尾部是宽的黄色条纹

波兰的寒假

在冬季，大太平鸟会从瑞典、芬兰以及西伯利亚飞到波兰过冬，它们以果树和灌木的果实为食。

槲寄生——大太平鸟的美味

大太平鸟一年四季都以水果为食，主要吃浆果，不管是落在地上的还是已经发酵的，它们都爱吃。过冬的时候，它们生活在有花楸树的大街或长着槲寄生的灌木丛里。大太平鸟的波兰语名与一种暗绿色的灌木有关。在捕猎季，除了水果之外，大太平鸟也吃昆虫和其他无脊椎动物，但水果是雏鸟的主食。

槲寄生

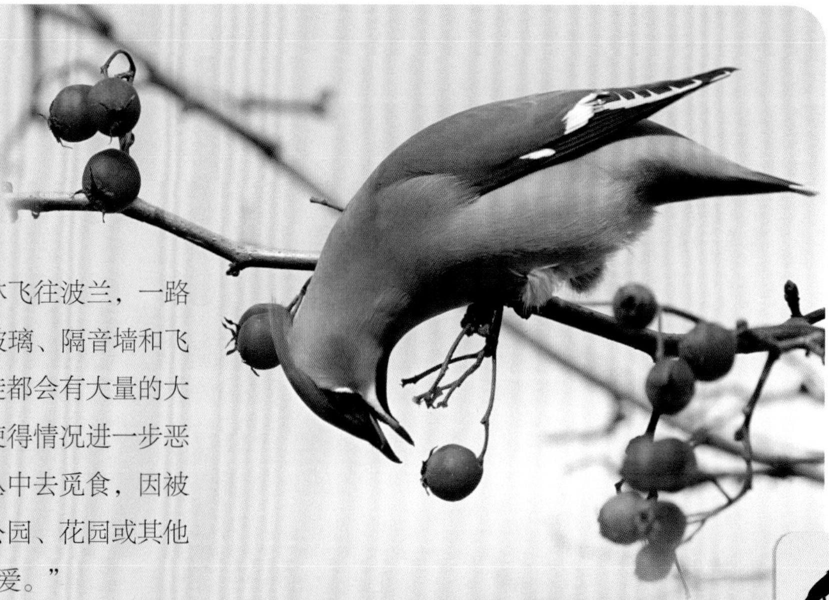

木柴堆的客人

“大太平鸟从瑞典、芬兰和西伯利亚遥远的森林飞往波兰，一路上会遇到许多危险。它们不认识空中的电缆、隔音玻璃、隔音墙和飞驰的汽车，更没有学会识别并躲避这种危险，因此每次迁徙都会有大量的大太平鸟死去。此外，人们喜欢在马路边种植灌木果树，这使得情况进一步恶化——大太平鸟成群地飞到花楸树、女桢、黑刺以及小檗丛中去觅食，因被飞驰而过的汽车碾压而大规模死去。灌木果树应该种植在公园、花园或其他远离公路的地方。我们应该给大太平鸟及其他鸟类多一些关爱。”

花楸树

每只大太平鸟每天可以吃掉500颗浆果！

大斑啄木鸟
见70页

金雕
见85页

雕鸮 见80页

戴胜
见62见

灰林鸮见82页

田野与树林

云雀

学名：*Alauda arvensis*

英文名：Eurasian Sky Lark

身长：17~19厘米

雄性体重：35~45克

雌性体重：25~40克

栖息地：草坪，田野，牧地和其他的农业用地

出没时间：3—10月

云雀

——完美的歌唱家

作为少数能够在飞行时唱歌的鸟类，云雀在呼吸的时候唱歌，翅膀就需要十分剧烈地振动，每秒需要振动10~12次。云雀的歌声被当作春天来临的第一个信号。夏天的时候，每天凌晨3点就能听到它们的歌声。

典型特征

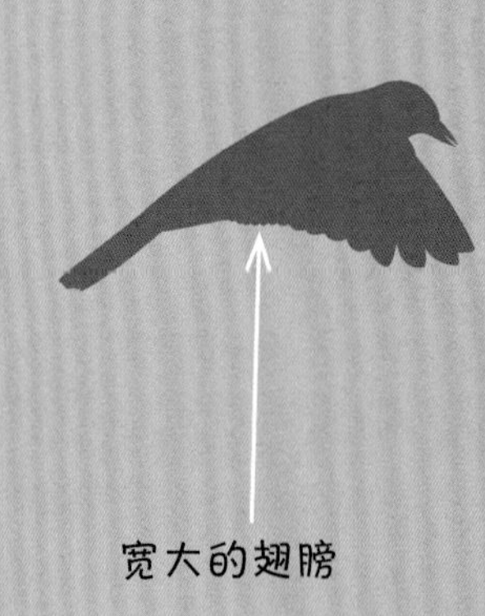

云雀能歌唱多久

云雀是无与伦比的歌唱大师。当然，这只是雄性云雀。它们很少在地面上唱歌，在地面上，即使刮着强风它们也很少鸣唱；然而当它们飞至空中100~200米的高度时，云雀就会不停地歌唱。这种歌声通常会持续几分钟甚至十几分钟。世界上最高的不间断歌唱纪录是1小时，然而云雀可以一边歌唱一边伸展翅膀和尾巴，然后像降落伞一样朝着地面盘旋降落。

云雀飞行模式

鸟儿们的演唱会

“在波兰，云雀通常出现在三月。早春的第一个天气晴朗的日子迎来这美丽的歌声，一直到夏天都能听到它们的啼鸣。之后它们开始换羽毛，在每年的九月底到十月的时候，云雀就要开始向越冬地迁徙了。这种鸟大部分在波兰的西部地区过冬。在波兰仍有很多地方能够听到云雀的歌声，我们很高兴仍然能够欣赏它们的演唱会。”

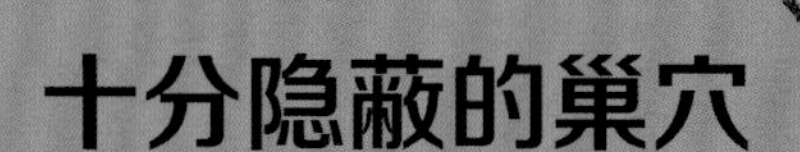

十分隐蔽的巢穴

寻找和捉住云雀雏鸟需要很大的耐心和大量的实践经验。它们所建造的巢穴并不是一项简单的艺术。云雀用凋谢了的植物覆盖在巢穴上，刚刚出生几天的雏鸟绒羽的颜色是十分完美的伪装色，有时我们很难相信眼前的竟是一个活物。

戴胜

学名：*Upupa epops*

英文名：Eurasian Hoopoe

身长：28~30厘米

体重：55~80克

栖息地：人类住宅区的边缘，废弃的建筑物，街道和草坪中老树木及牧场聚集地，种有柳树的河谷

出没时间：4—9月

戴胜

——冠羽小丑

戴胜有着十分独特的颜色和冠羽，因此我们很容易把它和其他种类的鸟区分开来。波兰人根据它的叫声来给它命名。戴胜也是很多故事中的主人公，甚至还会出现在谚语里。这可能与它们独特的行为有关。

典型特征

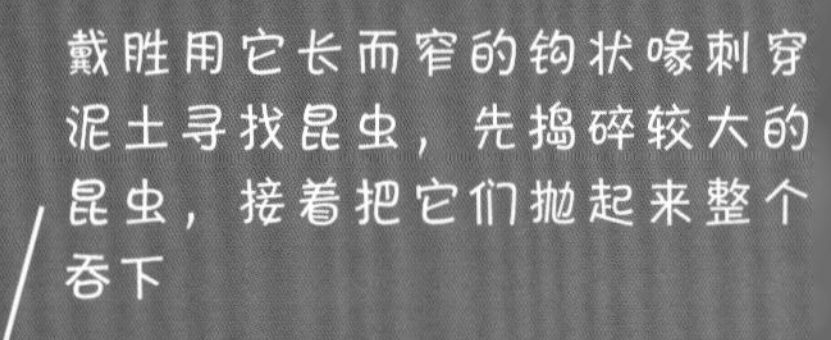

戴胜受到惊吓或是想要引起注意时羽冠会张开。当它的羽冠水平放置时说明戴胜感到安全和放松

浅橘色羽毛

翅膀上的黑白条纹

彩色的冠羽

有白色条纹的黑尾巴

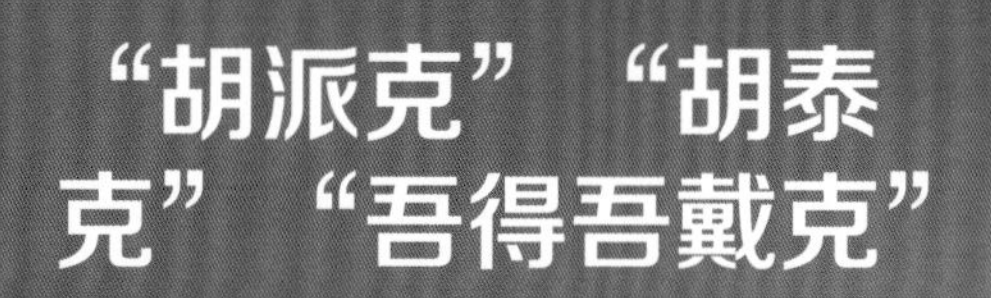

“胡派克”“胡泰克”“吾得吾戴克”

戴胜从非洲的越冬地飞回波兰后，便立即展示它们独特的叫声。雄性戴胜膨胀颈部，来到空旷的地方，以保证作为求偶信息的鸣叫声可以传得更远。

学名中的“*Upupa*”是根据戴胜的叫声而来的。这种鸟的名称在很多欧洲语言中都是因它们的叫声而来。很久以前，波兰人叫它“胡派克”“胡泰克”或是“吾得吾戴克”。

牛“饼”（粪便）里的美食

戴胜有很多奇怪的习惯，比如猎食小甲虫和它们的幼虫，甚至会在马粪和牛“饼”（粪）中寻找食物。它们吐出来的东西里常含有消化不掉的昆虫外壳。

戴胜的雏鸟能够将发着恶臭味的分泌物喷射到50厘米的高度！

戴胜的雏鸟从出生后的第四天，一直到离开巢穴，都会产生散发着恶臭味的分泌物

雏鸟的秘密武器

“戴胜会产生有恶臭的分泌物的话题在很多文学作品中都有出现，有时候也有虚构的故事。不过有一点是肯定的，没有受到惊吓的小鸟是不愿意待在充满恶臭的巢里的。但是在受到威胁的时候，雌鸟就会像它的幼崽一样排泄出油腻的、散发着腐肉臭味的分泌物和粪便，来驱赶试图入侵的侵略者——捕食者或人类。它们发出嘶嘶声并用长喙攻击入侵者，这样它们就能够探测出入侵者是否极具危险性，比如是不是凶猛的蛇。”

洞穴鸟

戴胜属于洞穴鸟。它们占据着土地上低矮树木的树洞、老旧楼房地基里的裂缝、矿渣场的石头或是木头堆的缝隙。它们很少重复使用同一个洞穴。

成年戴胜如何自我保护

在受到猛禽威胁时，成年戴胜会紧紧抓住地面，把翅膀和尾巴伸展到最大并摇晃张开羽冠的脑袋。苍鹰或雀鹰会被眼前的景象吓住，通常会放弃进攻。在这些捕食者的巢穴下我们很难看到戴胜的羽毛。要知道戴胜是在开阔的地方寻找食物并且飞行速度极其缓慢，对猛禽来说它们是很容易捕获的猎物。但据说，戴胜奇怪的行为方式、极具对比度的毛色和外形使得它们并不受捕食者的欢迎。

戴胜的食谱

戴胜以甲虫、蟋蟀、蝗虫和其他昆虫及其幼虫为食，它们也捕食生活在草坪和软土地里的无脊椎动物。

松鸦

学名：

Garrulus glandarius

英文名：Jay

身长：32~35厘米

体重：150~175克

栖息地：森林，近些年也开始居住于城市公园里

出没时间：全年

松鸦

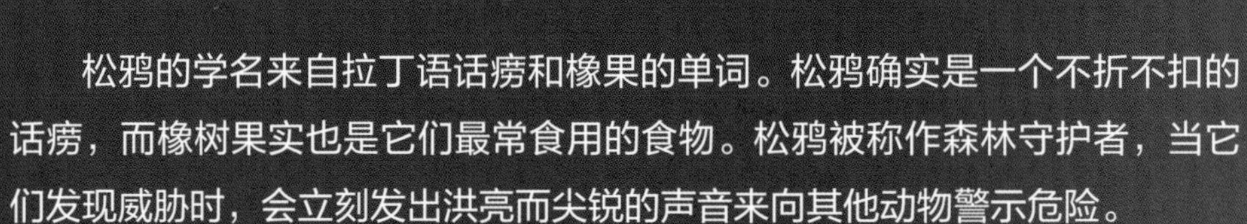

——敏锐的话匣子

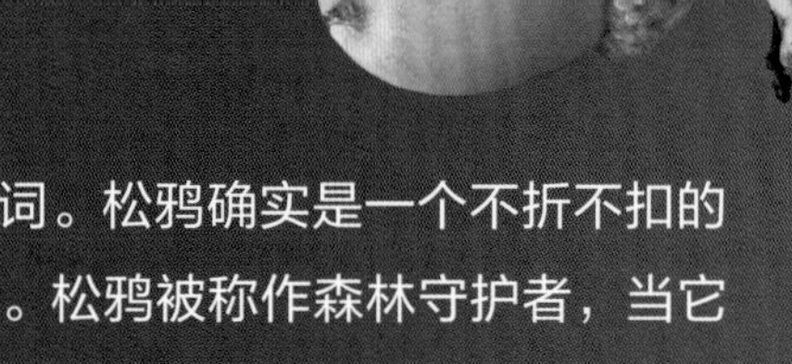

松鸦的学名来自拉丁语话痨和橡果的单词。松鸦确实是一个不折不扣的话痨，而橡树果实也是它们最常食用的食物。松鸦被称作森林守护者，当它们发现威胁时，会立刻发出洪亮而尖锐的声音来向其他动物警示危险。

典型特征

松鸦最具特色的外貌特征是翅膀上的蓝色羽毛

像松鼠一样的松鸦

松鸦会像松鼠一样在冬天储备粮食。它们会把找到的橡果藏起来，也经常忘记藏在了哪里。它们把食物藏在苔藓、树皮堆下，或是树洞和树干缝隙里。很多储备粮的所有者还没有使用完它们的食物就在冬天死掉了。松鸦这种储藏食物的行为，为树木传播了种子，使得橡树、山毛榉、榛树和其他的植物的果实能播撒到很远的地方。

杂食大胃王

松鸦的食谱丰富多样，它们吃各种昆虫（包括黄蜂）、啮齿动物、其他鸟类的幼鸟和蜥蜴，也吃森林里的水果，橡树果、山毛榉的果实和榛子。

我不会出海

与我们熟知的说法相反，松鸦并不会飞到海上。大多数的松鸦一生都过着定居的生活。只有在严冬的时候，它们才会飞到几公里外的地方去寻找食物。

家庭巢穴

松鸦是森林里的群居者。它们通常把巢穴建在密集的针叶树的树冠中，有时候在长有荆棘的灌木丛和建筑物的裂缝中也能看到它们的巢穴。

雄性和雌性松鸦共同履行起家庭的责任和义务，它们通过声音来建立与对方的联系。只有在巢穴附近它们才会变得比较安静。雌性松鸦会坐卧在鸟蛋上，有时会失去警觉。这时候比较容易接近甚至触摸它。通常情况下，它的丈夫会及时提醒，让它迅速离开鸟巢。

在水里或蚁穴里沐浴

松鸦特别关心自身的卫生。它们不光
中洗澡，甚至会在蚁穴里洗澡！为了摆脱
虫，松鸦会躺在蚁穴上伸展翅膀，这时候
便会分泌出蚁酸涂到松鸦身上。

大斑啄木鸟

学名：*Dendrocopos major*

英文名：

Great Spotted Woodpecker

身长：21~25cm

体重：75~95克

栖息地：森林、公园和花园中

出没时间：全年

啄木鸟

——固执的铁匠

大斑啄木鸟的学名来自希腊语单词dendron（意为树木）和kopto（意为敲击）。大斑啄木鸟是波兰最常见的啄木鸟种类，虽然名字是大斑啄木鸟，但它们并不是最大的啄木鸟。黑啄木鸟要比它们大得多。

宽且圆的翅膀让它们在树枝之间飞行自如

典型特征

黑白相间的羽毛

黑色的胡须

红色羽冠的成年雄性大斑啄木鸟头顶末端有一块红色的斑。雌性大斑啄木鸟则没有

有力的喙帮助它破坏树皮、钻洞寻找食物

肩上的白斑

有力的四趾脚掌让它们很轻松地在树上攀爬。了三趾啄木鸟外，其余有的啄木鸟都是四趾，中两个朝前，两个朝后

鲜红色的下腹和尾下覆羽

坚硬的尾巴是它额外的支撑点

树上的铁匠铺

冬天，啄木鸟以针叶树的果实为食，通常是松树，有时候也会食用云杉的果实。它们会在所谓的“铁匠铺”树中获得松子。它们会把果实带到“铁匠铺”树中，在那里它们会啄开果实以便获取里面的种子。那些“铁匠铺”树木很容易被找到。在那里会有剩下的被凿开的果实。我们可以把这些果实收集起来当作炉灶或是火炉的燃料，因为啄木鸟已经不需要这些剩下的果实了。通常，在树干的缝隙中或是树杈间也能看到啄木鸟在啄果实。在树干周围可以看到新鲜的被损坏的树皮，而在“铁匠铺”中也能看到最后的果实。

寻找昆虫幼虫时，啄木鸟会将舌头伸到凿开的孔中进行探测，它的舌头能够伸到10厘米的长度！

有黏着性的舌头

啄木鸟的舌头比喙长出3倍。当它们不用舌头的时候，会把它卷起来放在头部的位置！得益于这根长舌头，啄木鸟能够捕食到藏在树干深处的昆虫。

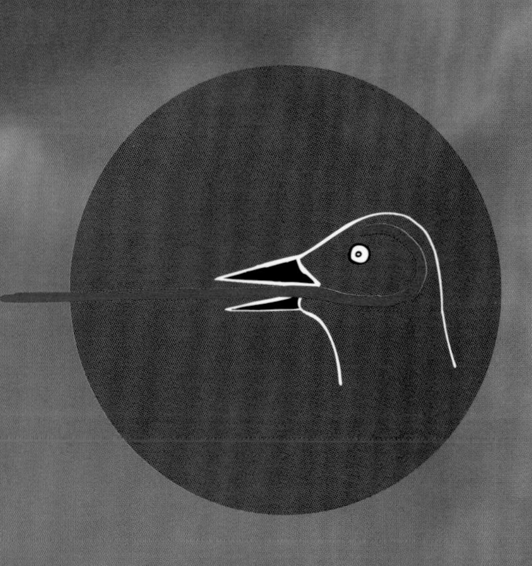

每年新的树洞

啄木鸟是最著名的凿洞专家。每年，一对啄木鸟都会凿出一个新的树洞，旧洞则留下给其他的鸟居住，比如山雀，捕蝇鸟，五子雀。

树洞主要由雄性啄木鸟凿出。最大的树洞记录是黑啄木鸟创造的。其入口是中等大小，大概10厘米，深度可达50厘米。在树洞里，雌性啄木鸟产下5~6颗蛋，有时甚至可以达到8颗。鸟蛋的孵化任务由雌雄啄木鸟共同承担。当幼鸟破壳后，它们要在树洞里待3周左右。这个时期结束前幼鸟非常吵闹，因此很容易让人发现这些住着啄木鸟的树洞。

多样的食谱

啄木鸟不挑食。它们吃所有从树皮里或是枯木中找到的昆虫。在它们的菜单中，有蚂蚁及其幼虫、毛毛虫、坚果，松树和云杉的种子，还有向日葵种子、腐肉、饲槽中的肥肉，以及春天从树干上流出的汁。

黑啄木鸟

黑啄木鸟很大，有大斑啄木鸟的两倍大。它们总是很忙碌且会发出很大的声音，因此在森林里很容易发现它们。

黑啄木鸟

学名：

Dryocopus martius

英文名：

Black Wood pecker

身长：45~55厘米

体重：250~350克

栖息地：针叶林和有老树的森林中

出没时间：全年

黑啄木鸟展示长舌头

熟鸡蛋和冷冻蚂蚁

“每年黑啄木鸟都会飞往位于华沙动物园的鸟类庇护所。通常是一些幼鸟，它们还不具备很好的飞行能力并且害怕人类。黑啄木鸟是不容易抓捕的鸟类，首先如果你想喂养它，先要准备一个足够坚固的笼子或鸟舍，最好是用金属制作的，以防它们用坚硬的嘴破坏。其次是健康饮食的问题，比如要教会黑啄木鸟吃替代的食物——熟鸡蛋和鸟类吃的凝乳以及冻蚂蚁的混合物。最后是放生，让它们回归大自然。”

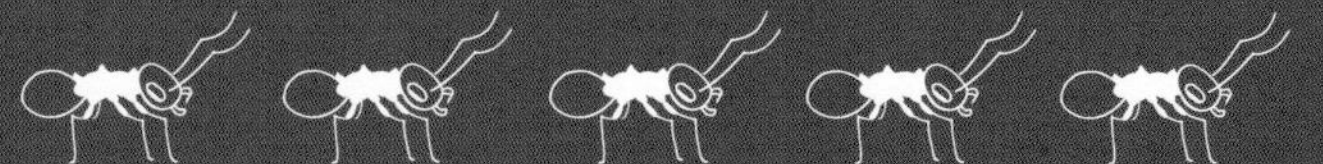

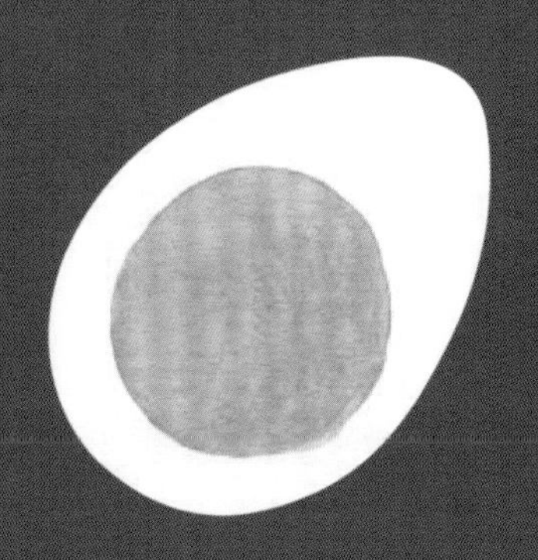

杜鹃鸟

学名：*Cuculus canorus*

英文名：Cuckoo

身长：31~35厘米

体重：110~150克

栖息地：森林，芦苇丛，树丛的开放地区，特别是大的河流的山谷地区。

出没时间：每年的4—8月或9月在非洲和赤道南部地区过冬。

杜鹃鸟

——任性的母亲

全世界活跃着大约50种杜鹃。大多数会筑巢并在其中养育自己的后代。波兰的杜鹃以巢寄生而闻名，这种生活方式已经被它们掌握得很好了，它们会把蛋产在比自身体型更小的鸟类巢穴中。

典型特征

雄性杜鹃鸟和一些雌性杜鹃鸟的脊背呈灰色，胸前有深色的条纹，而有些雌性杜鹃鸟是棕色的，因此看到红棕色的杜鹃鸟就可以确定它是雌性杜鹃鸟了。

长长的尾巴末端有白色的斑点

均匀的灰色脊背

狭窄的尖翼让它能够长时间飞行

身体底部的深色条纹

小脚

扔鸟蛋

杜鹃鸟不会自己建造巢穴。雌性杜鹃鸟到了下蛋的时节会产出十几个甚至二十几个蛋，它们把鸟蛋“扔”到其他鸟类的巢穴中，这些鸟类主要是：黄鹂，知更鸟，红尾鸲和捕蝇鸟。

雌性杜鹃鸟都会把蛋扔到其他鸟类的巢中。

霸道的杜鹃幼鸟

“杜鹃的幼鸟发育很快。它们一般会比巢穴主人的幼鸟提前1~2天出生。一出生它们就特别坚强好动，尽管那时候它们眼睛还看不见，也没有羽毛。当它们的身体变干并且有足够的力量衔起东西时，就会开始清除窝里的其他东西，即鸟蛋或是鸟巢主人刚刚出生的幼鸟。下图中，一只年幼的杜鹃鸟正努力地挪动鸟蛋，杜鹃鸟将它放在背上，用短短的翅膀支撑着它的两侧，然后将其推向巢边。清除了一个竞争对手，它们又会转向下一个目标，直到鸟巢中只剩下自己。这种运动能力在杜鹃鸟出生后几天就具备了。”

雌性杜鹃鸟入侵到鸟巢中，用嘴衔起鸟巢主人窝里的蛋，紧接着把自己的蛋放到鸟巢里，然后立即吞下叼在嘴里的蛋

咕咕叫和魔鬼似的咯咯叫

杜鹃鸟的学名中的*Cuculus*，源于它们的叫声。*Canorus*一词也源于拉丁语，意思是唱歌、发声或者回响。这种叫声非常有特色，一般雄性杜鹃鸟会咕咕叫，不太被人知晓的是雌性杜鹃鸟的叫声，这种叫声如恶魔般的咯咯声。

菜单

毛毛虫

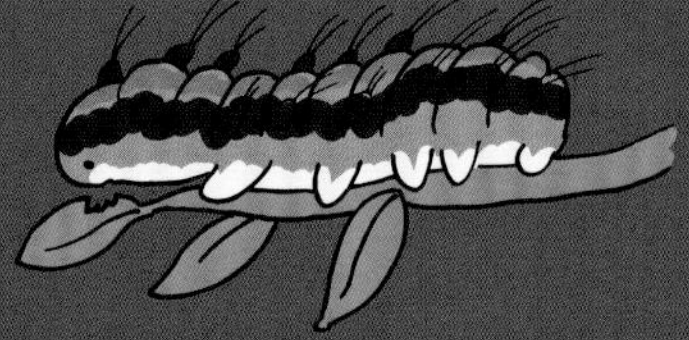

杜鹃以昆虫幼虫为食，包括蜕变成蝴蝶前被其他鸟类遗漏了的毛毛虫。

把鸟蛋扔给动物饲养员的杜鹃

“有一年春天，华沙鸟类庇护所里来了一只赤红色的雌性杜鹃，翅膀上有轻微的创伤。几星期后，我们放飞了它，但在此之前，我们经历了一个非同寻常的时刻。它在庇护所期间产下了几颗蛋，每隔2~3天产1颗。产蛋时，鸟蛋都会从它居住的笼子缝隙中跌落下来，在地板上摔碎了，只有一颗奇迹般地完好无损。杜鹃鸟的蛋壳比其他种类鸟的蛋壳坚硬一些，这样才使这颗蛋存活了下来。我们小心翼翼地把它捡起来放到孵化器里，12天后，一只杜鹃鸟破壳而出！我们从这只雌性杜鹃鸟这里获得了一个新生命，而这个生命在动物园中还没有“库存”。因此围绕这个话题出现了很多问题和笑话，但是最后所有人都表示，这枚鸟蛋是为动物园所产的。”

杜鹃幼鸟很快就会离开巢穴

图中杜鹃幼鸟被比它小很多的芦苇莺喂食

猫头鹰

——夜晚猎人

猫头鹰主要在黄昏和夜晚猎食，以鸟类和哺乳动物为食，甚至能够捕食狐狸和刺猬。在波兰居住着10种猫头鹰，最常见的是灰林鸮，最罕见的是，最大的猫头鹰不仅在波兰，甚至在全世界都是最大的——雕鸮。

猫头鹰拥有其他鸟类不具备的一些外貌特征，包括：

面盘

眼睛周围被辐射状的羽毛包围着，即所说的面盘。

羽毛“耳”

很多猫头鹰的头上都有两撮羽毛形成的假耳朵，而它们真正的耳朵长在面盘旁。

彩色的虹膜

猫头鹰的眼睛帮助它们在黑暗中捕猎，而且在白天也能看清东西。

仓鸮和它捕获的老鼠

雕鸮

学名：*Bubo bubo*

英文名：

Eurasian Eagle-Owl

身长：60~75厘米

体重：1.5~2.5千克

栖息地：广阔的森林，喜爱林中空地附近、草甸以及有鸟类栖息的广阔水域

出没时间：全年

雕鸮

雕鸮是欧洲最大、最濒危的猫头鹰。在波兰，现仅存250对雕鸮。它的学名*Bubo bubo*来源于拉丁文，这与雕鸮交配时发出的叫声有关。

雕鸮拥有巨大的翅膀，展开时宽度能达到180厘米

典型特征

棕色与黑色相间的羽毛

又大又宽的脑袋

这是在雕鸮感到不安时抬起的一束羽毛

眼睛周围的羽毛呈放射状排列

宽大、接近于红色的眼睛　雕鸮的眼睛朝向前方，而其他鸟类朝向两侧

坚硬的双足，足上有弯曲的利爪

上图中的雕鸮幼鹰正在威慑猎物，而下图中的雕鸮幼鹰在进行它的第一次飞行

幼年猫头鹰先从巢中离开，再学习飞行

幼年猫头鹰学会飞行的时间在出生后7周左右时，不过大部分都是在离开巢穴之后。它们在开始的几周会在地面上慢慢移动，摸索着奔跑或跳跃。猫头鹰父母一般在夜间给它们喂食。在出生24周左右的时候，年轻的小猫头鹰已成长为成体了，这时它们大约半岁了。在城市公园里筑巢的猫头鹰常常会被人类打扰，因为人们不知道小雕鸮是在离巢之后再学习飞行，并非是落下鸟巢，或是被父母抛弃了！

灰林鸮

学名：*Strix aluco*

英文名：Tawny Owl

身长：35~40厘米

体重：250~450克

栖息地：所有类型的大、小森林，甚至是城中公园

出没时间：全年

灰林鸮诡异的叫声

灰林鸮的声音听起来十分可怕，经常被当作惊悚片的背景音乐来使用。在古代，这种声音被看作是邪恶力量的象征。

灰林鸮

灰林鸮是波兰最常见的猫头鹰，数量高达70 000对左右。

洞中的巢

灰林鸮最喜欢将鸟巢筑在老树的空洞中。不过在没有其他地方的时候，也会将巢筑在被砍断的树干中，或者黑啄木鸟遗弃的树洞、其他捕猎鸟的旧巢、安静的阁楼和大型的培育箱中。

每隔一段实践，雌性灰林鸮会产下2~8只卵。雌性灰林鸮需要照料它们28~30天，并在随后的两周内不能离开自己的巢穴，直到幼鹰身上不再长出浓密的绒毛。

无声的飞行

副翼上柔软的羽毛与半球形边缘使得猫头鹰能够在几乎无声的状态下飞行。

海狗一般的耳朵

完美的听觉

猫头鹰拥有极佳的听力。因此，它们能够听到如老鼠缓慢移动的“嘀嗒”声和其他啮齿动物发出的细微声音，并能非常准确地定位猎物。

可动的头部

与其他鸟类不同，猫头鹰几乎能够朝各个方向旋转自己的头部。

另请参见

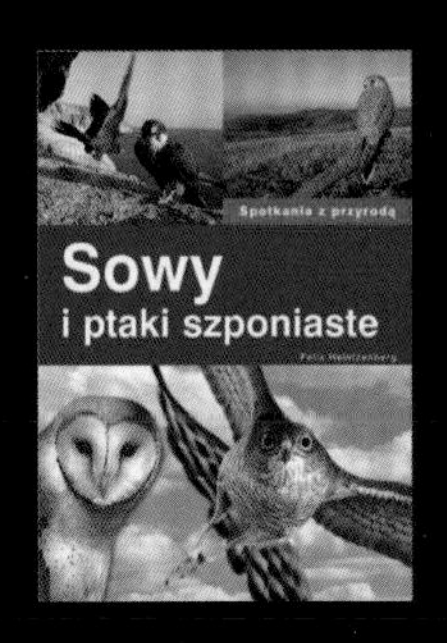

猫头鹰与猛禽
MULTICO出版社出版

www.sowy.eco.pl
网络服务

鹰
——天空之王

虽然波兰国徽上的鹰原型是白尾海雕，而不是金雕，但在波兰文化，乃至其他国家的文化之中，金雕却有着非常重要的意义。金雕的学名是*Aquila chrysaetos*，意思是金黄色的鹰，反映了金雕优越的价值与优秀品质。

典型特征

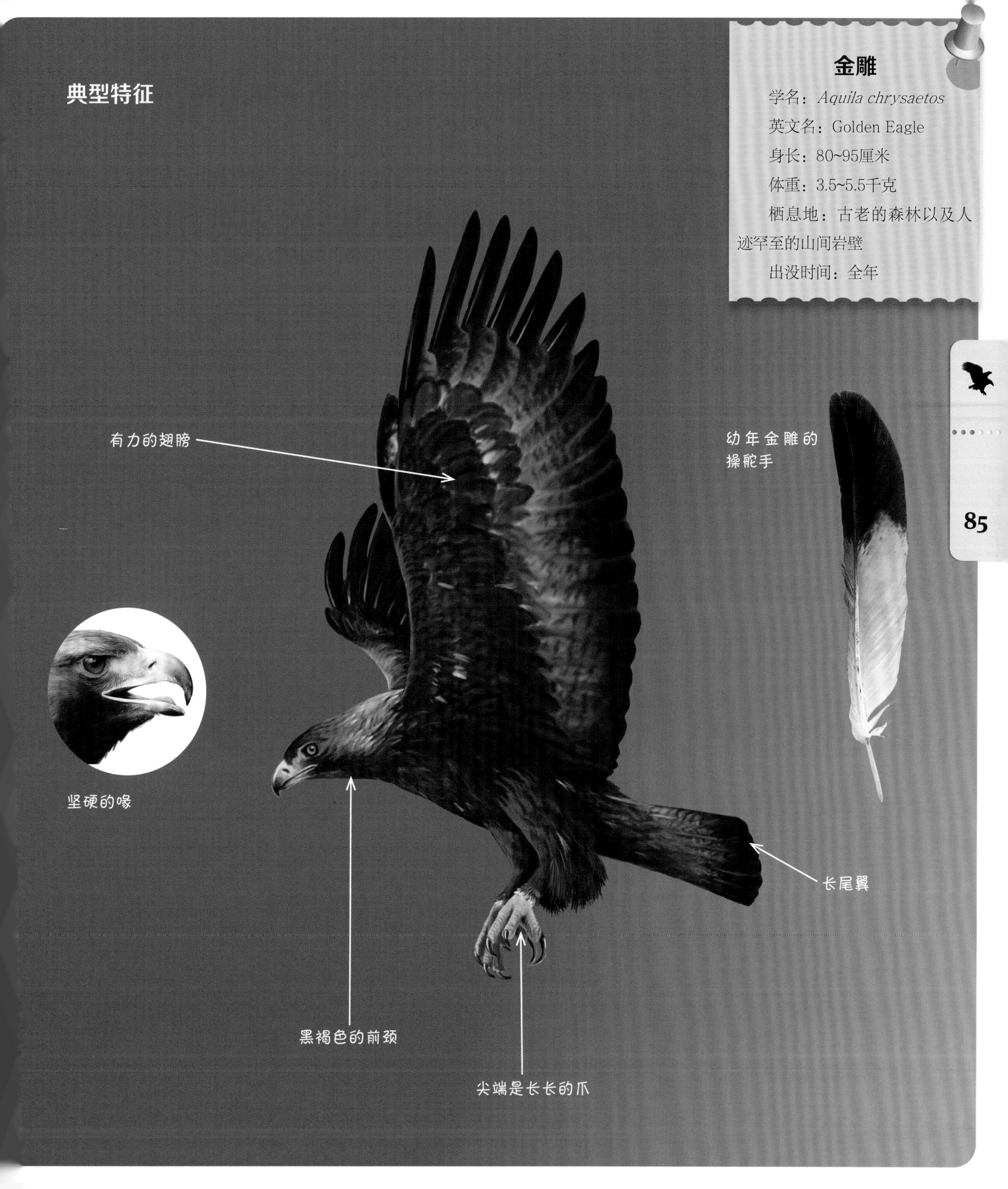
金雕
学名：*Aquila chrysaetos*
英文名：Golden Eagle
身长：80~95厘米
体重：3.5~5.5千克
栖息地：古老的森林以及人迹罕至的山间岩壁
出没时间：全年
有力的翅膀
幼年金雕的操舵手
坚硬的喙
长尾翼
黑褐色的前颈
尖端是长长的爪

优秀的猎人

金雕是猎食动物，主要捕食兔子、旱獭、小羚羊与猫类。它们还会以腐尸为食，食物的构成一般取决于季节与金雕的栖息地。

实际上，金雕的捕猎能力经常被夸大了，它们并不能举起山羊或是攻击儿童。虽然它们能捕食兔子、小羚羊、鹿、狐狸或是旱獭，但带着这么多猎物它无法在空中飞行。因此金雕必须当场吃掉猎物，并且尽可能多地吃掉。另外，它们还要对抗竞争对手，以保住剩下的食物作为接下来几天的粮食储备。

通过观察野生金雕的捕猎过程，我们发现它们每5~7次攻击中才有1次是成功的。攻击之前，它们会经历漫长的等待，并且会从高岩上或在巡逻飞行过程中观察四周情况。

每到冬天，金雕都必须储存能量，一般会在陆地上进行猎捕。它们会藏起来，同时悄悄观察潜在的猎物和其他的鸟类，比如乌鸦，因为乌鸦能把它们带到有腐尸的地方。

到了夏天，金雕就能够长时间地飞行捕猎并巡逻，还能够借助空气中的热气流，几乎毫不费力地漂浮在高空。

空中捕猎或陆地攻击

“我曾有机会在阿尔卑斯山用望远镜观察过一次金雕的空中捕猎。它从远处的岩石上以闪电般的飞行速度，接近了一只正在几公里外的平原上散步的小山羊。但这次攻击并没有成功，明显已经很疲惫的金雕不得不飞到另外一个地方。捕食旱獭也不太容易，因为旱獭总是一边观察着天空的动向，一边坚守在自己洞穴的旁边。”

加蒙·佩波与一只母鸡相遇之后

“年轻鹰的生活有多艰难。2001年的秋天，在华沙庇护所看过一只鹰从5月开始被人们照料的过程后，我就十分理解了。它是在通往毕斯兹扎迪山的路上被人发现的。最开始它由森林工人照顾，随后又由当地兽医来照顾。

“这只鹰没有机会练习飞行，也不能学习捕猎，它被人们用母鸡来喂养。在我照顾它的时候，它明显惧怕飞行，也对母鸡之外的任何食物不感兴趣。

“因此，它不想吃庇护所里的兔子。在它绝食几天后我屈服了，请求一名护士从农场带来了一只母鸡。

“接下来事情发展得很顺利，护士把母鸡放进了鹰所在的鸟舍。在动物爱好者眼中，这是犯罪行为：不能向捕猎型动物投喂活着的生物（蛇除外），以免使它们遭受不必要的痛苦。此外，这是11月寒冷的清晨，从温暖的农场拉过来的母鸡的羽毛开始大量脱落。我开始担心鸟舍的情况，但我又看到了什么。带着一点惊讶的鹰坐在栏杆上，而在它的翅膀下安静待着的母鸡看起来对现状十分满足。

“我们决定让母鸡存活下去，并把母鸡交到正确的饲养者手中。我们写下了母鸡的冒险经历，虽然它湿淋淋的，还很丑，但很快，一个来自索斯诺维茨的记者把它带回了家。这只母鸡在那里生活到今天，管理着一个小群体。这只害怕活物与飞翔的温驯的鹰，却必须在有经验的猎鹰教练的监督下进行康复训练。随后这只鹰被送到奥肯切机场的格瑞·格什·杰克手中，那里有足够一架波音飞机航行的大空间让它进行飞行训练。

“机场的猎鹰教练有充分的经验，在他的帮助下，鸟儿们被从机舱板上赶走，以防它们在空中与飞机相撞。格瑞·格什·杰克付出了很大的努力，让鹰独自在野外生存。几个月的固定路线飞行训练及负重飞行训练过后，佩波（这只鹰的名字，虽然它是雌性，而我叫它加蒙）开始飞翔了，甚至爱上了飞翔。一次，我在观看飞行课进程时，佩波飞过了机场的边缘，赶走了一只野兔并试图攻击它。

“这是个很棒的转变。我开心地把它放在胳膊上，当然是在一个特制的固体手套的保护下，我称赞了它，这时我感觉到它有力的爪子抓紧了我的手臂。在以前这几乎是不可想象的事。”

白鹳 见92页

白尾海雕 见96页

凤头麦鸡 见90页

水边与草地

凤头麦鸡

学名：*Vanellus vanellus*

英文名：Northern Lapwing

身长：28~30厘米

体重：150~300克

栖息地：广阔牧场、草原及大型河谷的平原地区

出没时间：3—10月

凤头麦鸡

——空中杂技演员

通过凤头麦鸡黑白色的羽毛、黑色的头部尖顶以及在繁殖过程中不同寻常的空气演变过程，我们能够轻易地辨认出它们。它们生活在开阔的地区，包括草地、湿地和沼泽，现在也在牧场以及田野间生活。

典型特征

黑白色的羽毛以及绿色带有金属光泽的脊背

雌性有着明显更小的黑色尖顶以及下巴上白色的斑点

头上有黑白的图案

黑色的胸部以及脖颈前部

闪着蓝紫色光芒的翅膀

生锈一般的尾部表面，在它飞翔过程中最明显

凤头麦鸡的幼鸟非常聪明

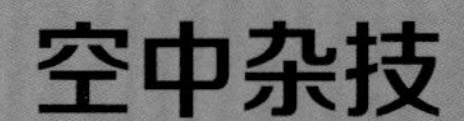

空中杂技

凤头麦鸡会非常强势地捍卫繁殖期的巢穴，甚至会击退天敌。它们会表演空中杂技，在这期间，能够听到它飞行时振动伸长副翼的嗡嗡声。

最开始雄性凤头麦鸡会升到空中，摇晃翅膀、不断徘徊，然后缓慢地落下并扇动翅膀，并发出大声地鸣叫，最终开始了它的空中繁衍

动物园的新客人

“凤头麦鸡和它们的幼鸟是多么的可爱！我不久前曾有机会了解到这一点，在鸟类保护中心，我们从凤头麦鸡幼鸟出生的第一天开始照顾它，同时我们也在照顾翅膀受伤的凤头麦鸡。这两只鸟都对我们很友善，对彼此也是。因为不能回归自然，它们一同来到动物园的一个鸟舍。人们希望它们能够在动物园繁殖出第一批凤头麦鸡种群，并在今后的某天，它们的后代能够回归大自然的怀抱。”

雌性凤头麦鸡会把产下的卵暴露地放置在地面的洞中

白鹳

学名：*Ciconia ciconia*

英文名：European White Stork

身长：95~110厘米

体重：2.5~4.4千克

栖息地：湿地草甸附近人类居住区及牧场

出没时间：3—9月

白鹳
——长腿飞行员

白鹳是波兰大自然的象征之一。它们常常在波兰的文化中出现，其中有诸多童话、迷信及信仰与之相关。白鹳在房屋周围出现往往预示着春天的来临，同时也预示着房屋主人的幸运即将来临。

世界上每5只白鹳中就有1只来自波兰！

典型特征

黑白的羽毛

白鹳会吃青蛙吗

会，但青蛙并不是它们的主要食物。白鹳的食物非常多样化。它们会吃蠕虫、小鸡、蝾螈、蜥蜴、蛇、小型和大型的昆虫（主要食物是蝗虫和甲虫）、啮齿动物，以及鱼类和腐肉。在捕猎的时候，它们也会顺便吃一些植物。

白鹳的排泄物中有昆虫的甲壳、脊椎动物的骨头、鱼的鳞片，以及自己的毛发与羽毛

非洲迁徙

欧洲白鹳在冬季向非洲迁徙时有两条路线。来自西欧的鸟会通过直布罗陀海峡飞往非洲，而在波兰筑巢的白鹳则会一直向东南飞行，穿越博斯普鲁斯海峡。

白鹳是典型的滑翔飞行员。对于滑翔来说，热上升气流非常重要，而输送这种上升气流的烟囱通道只会在陆地上出现，在水上是没有的。这也是为什么白鹳在飞行途中会避开地中海的原因。它们在海上飞行时需要用力挥动翅膀，这对它们来说会是极大的体力消耗。

白鹳迁徙时会飞翔约8 000公里，不过其中大多是年轻白鹳，有的才几个月大。

白鹳迁徙距离约8 000公里。

博斯普鲁斯海峡

直布罗陀海峡

白鹳为什么抬起腿

”“白鹳抬起一条腿，是为了让另一条腿得到休息。白鹳特殊的身体机制可以使它保持一只脚站立，当它们单脚站立时，身体的全部重量能够集中在骨骼和肌腱上，而不是放在肌腹上，如果放在肌腹上就会让白鹳十分疲惫。同样，白鹳站立睡觉时，也使用了相同的身体机制。”

spring alive

春天来临的象征

当你在春天看到了第一只白鹳的身影欢迎在www.springalive.net上分享您观到的图片。

白鹳的巢穴

白鹳的巢穴有着巨大的结构，由各种大小的树枝，以及草皮、稻草、干草、毛发、报纸、抹布，甚至是对幼鹳有危害的毛线组成。经过多年的使用，鸟巢会变得很大而且很重。从前，鸟巢几乎都是建在屋顶或者是农场的茅草农舍上，但随着屋顶建筑的变化，白鹳也开始将巢筑在电线或者是电话线上了。

这一变化给白鹳也带来了巨大的麻烦。多年前波兰就在全国开始了为白鹳提供筑巢平台的行动，这些平台会建立在杂乱的电线与绝缘体上，能够保护白鹳不受电击的伤害。

5月31日是白鹳日。

爱护白鹳——创造虚拟白鹳

访问网站www.dbajobociany.pl，并创造虚拟白鹳。作为爱护白鹳行动的一部分，网站用户每创造1 000只白鹳，能源公司就会在电线杆上设置一个安全的平台，给白鹳筑巢。

白尾海雕

学名：*Haliaeetus alibicilla*

英文名：White-tailed Sea Eagle

身长：75~90厘米

体重：3~6千克

栖息地：湖泊、池塘或是大型河流附近。巢筑在有茂密树枝的老树上

出没时间：全年

白尾海雕

——湖泊之王

虽然在科学家看来，白尾海雕并不是真正的鹰，但它的确属于鹰科，而且是波兰国徽图案的原型——白鹰。在许多语言之中，白尾海雕也被叫作海鹰，它的学名*alibicilla*是指它在成年后才拥有的白色尾巴这一特征。

典型特征

空中坠落

白尾海雕对同类没有攻击性，特别是幼年的白尾海雕。在这种雄伟的鸟类之间，争斗是非常罕见的。当白尾海雕在空中表演惊人的杂技时，我们能够看到它们收起了爪子，在高空飘动、坠落。

卓越的猎手

白尾海雕捕猎的方式有很多种，有时它单独行动，有时两只一起捕猎。两只一起捕猎的时候，一只会把猎物成群地赶向另一只。它们最喜欢设陷阱，然后在旁边潜伏，找寻时机捕杀猎物。它们常用这种方式攻击白骨顶鸡或其他种类的幼年水鸟，还会捕捉一些较大的鱼类。它们在浅水滩搜寻猎物的时候，如当鱼塘排水的时候，也能捕到鱼。白尾海雕还有一种捕猎方式是突然从空中朝下猛冲，这种方法一般在一群水鸟聚集的宽阔水面上使用。它们还会在空中追逐大雁或天鹅，甚至连鹤和白鹳也不放过。

鱼与鸟的噩梦

白尾海雕觅食的地方包括湖泊、鱼塘、海岸和大型河谷。它们的主要食物是鱼和水鸟，冬天也会吃大型哺乳动物的尸体。成年白尾海雕会捕食比较难捉的动物，如野兔。有时候它们也会攻击家禽、劫掠鸟巢。

坚固的巢

白尾海雕的宽大巢穴异常壮观，一般会建在高出地面18~25米的位置上。白尾海雕夫妇会在一个巢穴里生活许多年。巨大的巢穴和周围树冠上成年白尾海雕的身影就是对其他海雕的一种警告信号。

白尾海雕是沃林国家公园的标志，公园坐落于波罗的海和什切青湾之间的沃林岛上。上图是位于沃林国家公园的亚当·沃吉兹基教授自然保护区

天鹅

——鸟中的贵族

疣鼻天鹅

学名：*Cygnus olor*

英文名：Mute Swan

身长：120~150厘米

体重：6.75~10千克

栖息地：池塘、湖泊和牛轭湖周围，现在常出现城市附近

出没时间：4—10月。有些则一年四季都很活跃

天鹅是公认的美的象征。它们有着令人赏心悦目的羽毛和修长的脖子。在波兰最常见的疣鼻天鹅是欧洲最大的水鸟。雄性疣鼻天鹅的身长能达到160厘米，双翅展开后的长度能超过2米。

典型特征

至死不渝的爱情

天鹅是公认的对伴侣忠诚的典范。通过对1 000对天鹅夫妇多年的观察，500对成功孵出小天鹅的天鹅夫妇里没有出现一对“离婚”的。在那些没有孵出小天鹅的夫妻中，“离婚率”也不超过1%。

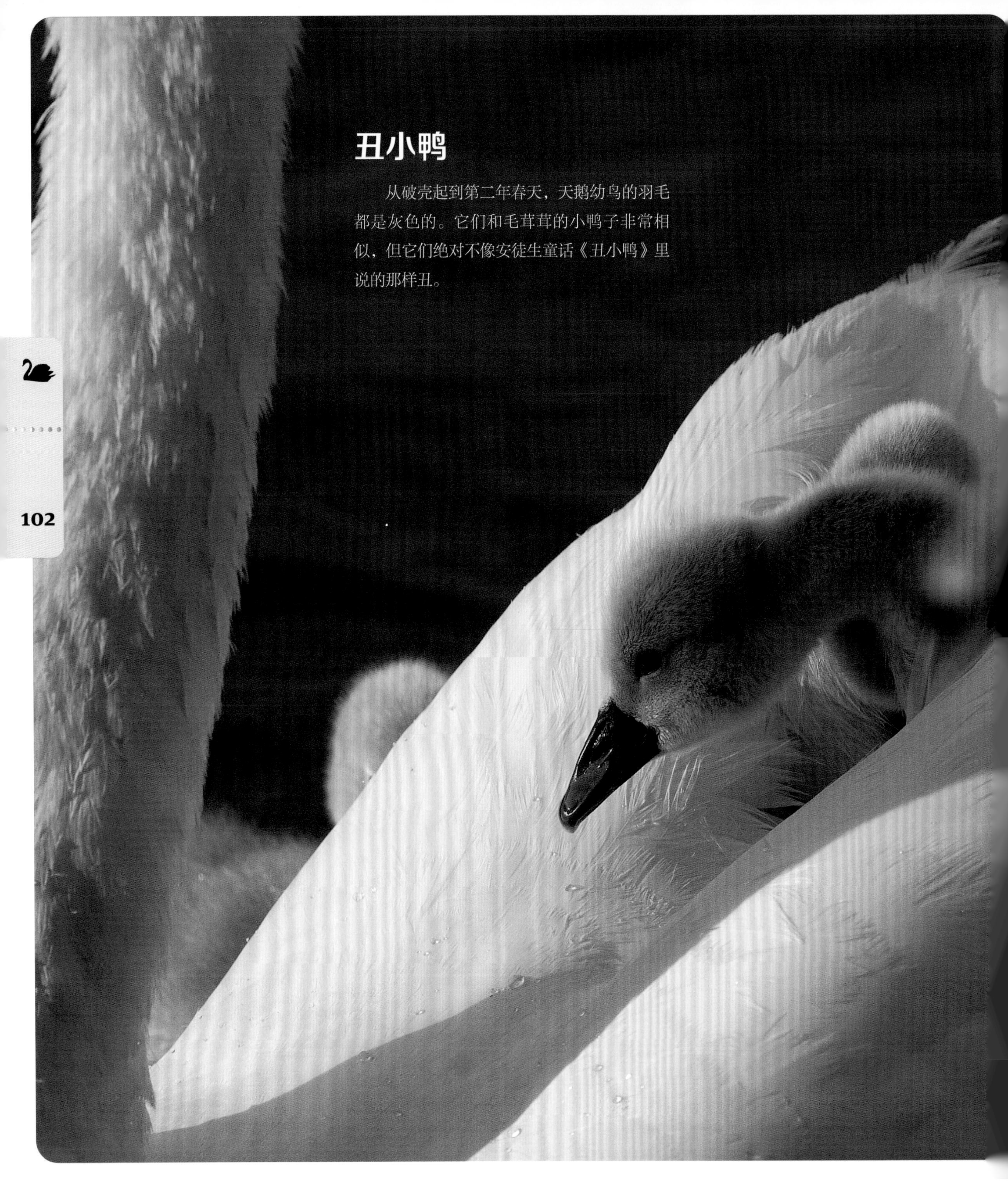

丑小鸭

从破壳起到第二年春天，天鹅幼鸟的羽毛都是灰色的。它们和毛茸茸的小鸭子非常相似，但它们绝对不像安徒生童话《丑小鸭》里说的那样丑。

为什么天鹅脖子会这么长

长长的天鹅颈不仅是为了好看，它还有很大的作用。与其他鸭科动物不同，天鹅从来不潜水，因为长长的脖子就能让它们把长在水下的植物拽到水面上。在深水区，天鹅吃水下植物时会“倒立”，这时露出水面的就只有天鹅的臀部和尾巴了。

几乎只吃植物

天鹅95%的食物来源都是水生植物，其他的则来源于陆地植物（比如草、谷物），还有一些微小的动物（比如昆虫幼虫、浮游生物、两栖动物的卵以及鱼卵）。

因为重，所以飞不动走不快

天鹅很少飞，也尽可能地避免走路，只有在水上它们才感觉最舒服。体型大导致天鹅很难起飞，如果天鹅想飞起来，必须要有几十米的加速冲刺。天鹅如果降落在地面而不是水里，落地时就会受伤。

天鹅有多达25 000根羽毛！

鸟中的游泳健将

天鹅走路很糟糕，但游泳却非常出色。那双带蹼的黑色小短腿帮了它们很大的忙。在水上，天鹅会蹬踹这两只小短腿，把它们当作桨来划，使自己快速向前滑行。在把脚收回来的过程中，天鹅会把脚趾合拢，以免脚蹼阻碍前行。

天鹅降落在水面上的时候，脚蹼会充当刹车的角色。

天鹅的脚印达到20厘米长

灰鹤

学名：*Grus grus*

英文名：Eurasian Crane

身长:95~120厘米

体重:4.5~6千克

栖息地：沼泽森林边缘，以及沼泽和广阔的回水区域

出没时间：3—10月

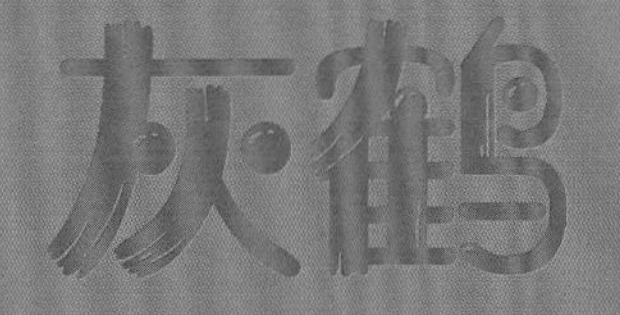

灰鹤

——高贵的舞者

灰鹤是欧洲最大的鸟类之一，高达120厘米，双翅展开长度能达到220厘米。在它们飞翔的时候，我们通过伸展翅膀时平稳且灵活的动作就能辨认出它们，而且那特有的高亢叫声也会暴露它们的行踪。

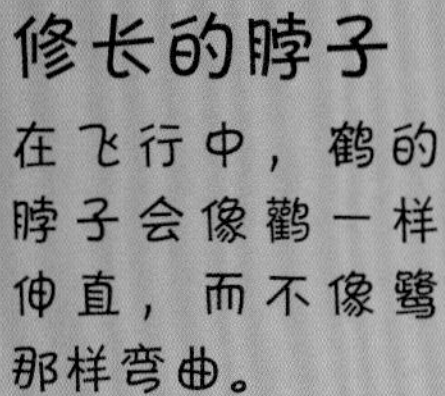

典型特征

近乎竖直的挺拔身姿

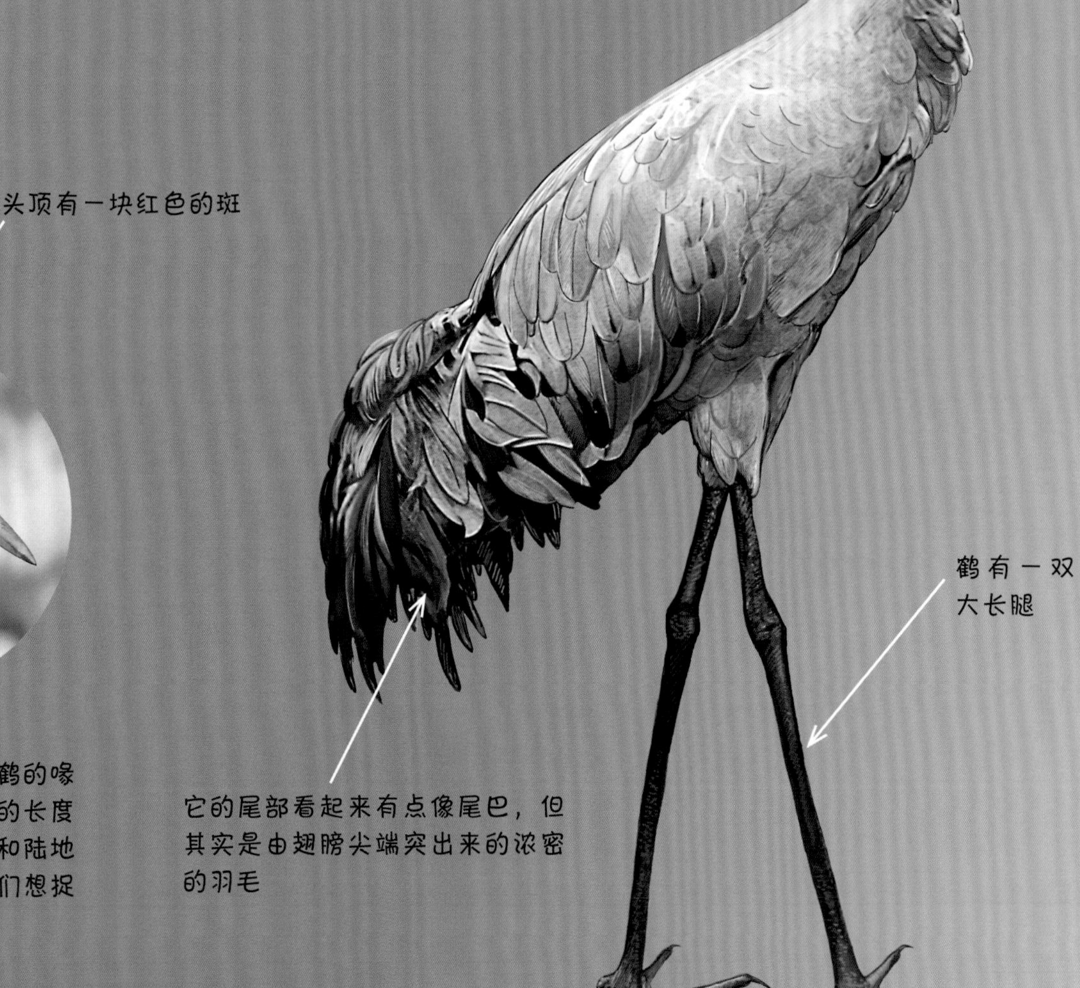

修长的脖子

在飞行中，鹤的脖子会像鹳一样伸直，而不像鹭那样弯曲。

鹤有一双大长腿

它的尾部看起来有点像尾巴，但其实是由翅膀尖端突出来的浓密的羽毛

头顶有一块红色的斑

虽然与鹳和鹭比起来，鹤的喙还是要短一些，但这样的长度已经足够它们捕捉水中和陆地上的食物了。但如果它们想捉鱼，那就有点困难了

起飞的地方

夏季结束的时候灰鹤会聚集成几个大群，以便在秋天成群结队地飞往过冬的地方，因此在它们起飞的地方往往很喧闹。灰鹤们大声地叫嚷着，跳着舞，愉快地结成伴侣。秋天结成的伴侣会保持到春天，之后它们便会飞往其中一只熟知的地方，继续在那里求偶、跳舞、筑巢、养育下一代。春天的时候就没有太多壮观的起飞景象，因为这时灰鹤们都忙着占领土地，为孵蛋做准备。

在迁徙的时候，灰鹤群会保持特殊的队形

鹤唳——鹤的歌声

鹤会发出高亢的鸣叫，被称为鹤唳。它们在迁徙、起飞，以及到达繁殖区域时都会鸣叫。每一对鹤都会通过这种嘹亮的鸣叫声来告知周围：我们已经来到筑巢的地方啦！

我们能从相对较远的地方辨别出一只鹤的性别。雄性鹤在鸣叫的时候双翅稍稍向外舒展张开，而雌性鹤则翅膀紧收。在整个繁殖期，方圆几公里都能听到鹤鸣。雄性鹤的鸣叫悠长，而雌性鹤则会以三声短促的鸣叫作为回答。

伴侣之间以及养育幼鸟时鹤们会用低沉的轻哼声交流，轻轻地咕噜咕噜叫，听上去就像是从肚子里发出来的一样，所以这些声音只有在它们附近才能听得到。

灰鹤之舞

当鹤互相跳求偶舞的时候，无论雌雄都会向天空伸长脖子，张开翅膀，高声鸣叫着奔向对方。

搭在湿地上的巢

灰鹤夫妇一般会把巢穴搭建在与世隔绝的地方，比如森林里无人踏足的泥泞地区——沼泽、湿地和沼泽森林。

翠鸟

学名：*Alcedo atthis*

英文名：Common King Fisher

身长：16~18厘米

体重：25~35克

栖息地：河流，小溪以及池塘附近

出没时间：4—9月，中欧大部分区域一年四季都活跃

翠鸟——会飞的珠宝

翠鸟是波兰最漂亮的鸟类之一。翠鸟的羽毛在阳光下会发出像彩虹一样耀眼的光，但是人们很难见到它们。它们栖息在离人类很远的地方，生活得很隐蔽。最容易发现翠鸟的地方是河岸，在那里翠鸟会一动不动、直勾勾地盯着水里的鱼。

典型特征

艳丽的羽毛

白色的喉咙和脸颊

背部天蓝色的羽毛，有着金属般绿色的光泽

剑一般坚硬的喙能捕鱼。在繁殖期，雄性翠鸟的喙都是黑色的，而雌性翠鸟的喙只有前半段是黑色的，就像图中所显示的这样

腹部赤橙色的羽毛

短小的尾巴

又短又红的爪子

翠鸟不在冬天出生

翠鸟从4月一直到7月都在为繁殖后代而挖洞，也就是说翠鸟只可能在春天和夏天出生，而不是冬天。那为什么翠鸟的波兰名叫“冬天出生的鸟”呢？可能是因为这种长得像珠宝的鸟夏天时生活得很隐蔽，人们即使在河岸的灌木丛里也很难发现它们。但是到了冬天，白雪把它们凸显了出来，这样突然的出现，很容易让人们误以为翠鸟是在冬天出生的。

蓝色的箭

翠鸟是完美的猎手。它在狩猎时会一动不动地站在水面的空树枝上，眼睛盯着游过的鱼。当它发现小鱼时，就会像一道闪电一样俯冲下来，一头扎进水里，用喙把鱼叼住。之后翠鸟便会重新飞到空中，回到原先的树枝上。翠鸟向下俯冲的速度能达到40公里/小时，就像一支离弦的箭，因此被人们称为“蓝色的箭”或“蓝色的闪电”。

食物

翠鸟以潜水时捕捉到的小鱼、小蟹和昆虫幼虫为食。在吃鱼前，翠鸟会在树枝上摔打小鱼，让它昏厥，然后从鱼头开始整只吞掉。从鱼头开始吃是因为翠鸟怕鱼鳞和鱼鳃会卡在半路而咽不下去。

进入防御状态
的雌性翠鸟

还没有长毛的幼鸟正挤在一起取暖

不搭巢却住洞穴

曾经有推论认为最初翠鸟的名字叫作“地里出生的鸟”，这个名字表示翠鸟是一种出生在地洞里的鸟。人们这样称呼翠鸟是因为它会在自己挖的地洞里下蛋。这些地洞一般位于距离水面半米的地方，在垂直的河堤上、水渠或湖岸旁。翠鸟用鱼骨头和其他食物残渣来铺设洞穴。洞穴的宽度能达到8厘米，高度则通常要多出几厘米。在通往巢穴内部的通道上有两个小沟渠，是它们进进出出用爪子踩出来的。通常在洞口前能够见到一块块白色的翠鸟排泄物。在繁殖期的洞穴周围会有专门的观望点，能够找到没有消化的食物残渣，比如鱼鳞、鱼骨头以及昆虫和小蟹的硬壳。

喂食顺序

翠鸟夫妇在幼鸟刚出生的时候会用非常小的鱼来喂它们。随着幼鸟越长越大，鱼的个头也越来越大，而且投喂的次数也越来越多。幼鸟们会在洞穴里排队等待喂食。第一批，也是最饿的一批，会冲着洞口把嘴张大，接到食物后就移动到洞穴中最里面的角落。

洞穴通道的长度一般来说只有60~70厘米，但有些能够达到130厘米！

一些有趣的网站

在这些网站上面你不光能找到鸟类生活的趣闻，还能听到鸟类的叫声，看到关于它们的图片和影像以及从鸟巢实时传来的拍摄画面，除此之外你还能参加一些小游戏和有奖竞猜等活动。

www.otopjunior.org.pl

www.jestemnaptak.pl/dla-dzieci

www.dbajobociany.pl

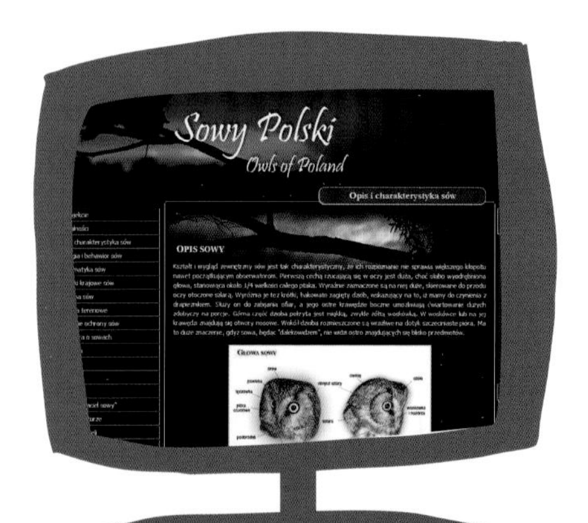

www.sowy.eco.pl

www.bocianyonline.pl

www.mlodyekolog.pl

还有这些网站

www.jestemnaptak.pl
www.springalive.net
www.bocianopedia.pl

索引

Copyright © MULTICO Publishing House Ltd., Warsaw, Poland (www.lasksiazek.pl)
The simplified Chinese translation rights arranged through Rightol Media
（本书中文简体版权经由锐拓传媒取得 Email:copyright@rightol.com）

图书在版编目（CIP）数据

鸟类大百科 /（波）安杰伊・克鲁塞维奇著；赵祯等译. -- 成都：四川科学技术出版社，2020.10
（自然观察探索百科系列丛书 / 米琳主编）
ISBN 978-7-5364-9964-5

Ⅰ. ①鸟… Ⅱ. ①安… ②赵… Ⅲ. ①鸟类 - 儿童读物 Ⅳ. ① Q959.7-49

中国版本图书馆 CIP 数据核字 (2020) 第 202669 号

自然观察探索百科系列丛书
鸟类大百科
ZIRAN GUANCHA TANSUO BAIKE XILIE CONGSHU
NIAOLEI DA BAIKE

著　　者　［波］安杰伊・克鲁塞维奇
译　　者　赵　祯　袁卿子　许湘健
　　　　　张　蜜　白锌铜　吕淑涵

出 品 人　程佳月
责任编辑　肖　伊　胡小华
助理编辑　陈　婷
特约编辑　米　琳　郭　燕
装帧设计　刘　朋　程　志
责任出版　欧晓春
出版发行　四川科学技术出版社
　　　　　成都市槐树街2号 邮政编码：610031
　　　　　官方微博：http://weibo.com/sckjcbs
　　　　　官方微信公众号：sckjcbs
　　　　　传真：028-87734035
成品尺寸　230mm × 260mm
印　　张　7.25
字　　数　145千
印　　刷　北京东方宝隆印刷有限公司
版次 / 印次　2021年1月第1版 / 2021年1月第1次印刷
定　　价　78.00元

ISBN 978-7-5364-9964-5

本社发行部邮购组地址：四川省成都市槐树街2号
电话：028-87734035　邮政编码：610031
版权所有　翻印必究